C 语言程序设计教程

主　编　李德龙

副主编　户军茹

参　编　丁　谊　张　震

国防工业出版社

·北京·

内容提要

本书是为C语言程序设计课程编写的教材，也可以作为学习C语言程序设计的参考教材。

编程实践是学习程序设计的重要环节。多读经典程序，多分析程序，多编写程序，多上机实践，是掌握程序设计思想的关键。本书提供了大量典型的例题分析和用于自测的思考题与习题，便于读者巩固提高。

本书第一部分讨论C语言程序设计的基础知识，包括变量、运算符、输入输出及程序流程控制等；第二部分讨论C语言程序设计的提高知识，包括一维数组、函数及指针等；第三部分讨论C语言程序设计的高级知识，包括二维数组、结构体与链表、函数的递归调用及文件等。

本书概念表述严谨，逻辑推理严密，语言精练，既便于教学又便于自学。

本书可作为计算机类专业或信息类专业本科或专科教材，也可作为从事计算机工程与应用工作的科技工作者的参考书。

图书在版编目（CIP）数据

C 语言程序设计教程/李德龙主编.—北京：国防工业
出版社，2015.8
ISBN 978-7-118-10452-3

Ⅰ. ①C… Ⅱ. ①李… Ⅲ. ①C 语言—程序设计—教材
Ⅳ. ①TP312

中国版本图书馆 CIP 数据核字(2015)第 204389 号

※

国防工业出版社出版发行
（北京市海淀区紫竹院南路 23 号　邮政编码 100048）
国防工业出版社印刷厂印刷
新华书店经售

*

开本 787×1092　1/16　印张 11¾　字数 283 千字
2015 年 8 月第 1 版第 1 次印刷　印数 1—4000 册　定价 28.00 元

前　言

C语言兼具高级语言和汇编语言的特点，广受编程人员的喜爱。作为一种被广泛使用的编程语言，它已经在事实上成为我国各类院校进行计算机编程教育时主要使用的教学语言。但作为教学语言，它过于繁琐的语法细节和灵活的使用方法，往往使得初学编程的学生无法把注意力放在"如何把实际问题转化为程序"，而是放在"怎样让程序能够顺利的运行"，导致程序设计的入门课程变成了纯粹的C语言教学课程，造成了本末倒置的结果。为了让程序设计的入门课程回归本源，编者根据自己的实际学习和多年教学经历编写了本书，本书例题、习题既有经典问题，又增加了根据程序设计教学实践特点设计的问题。

本书的特点主要体现在以下几方面。

应用为王，快速入门。编者认为程序设计只有在编写程序的过程中才能够真正掌握。在本书的设计中，经过三次课的学习，读者就可以掌握基本编程所需要的语法，从而快速进入实践环节。

由浅入深，层层递进。本书打破了以语法为章节设计点的常规模式，根据编程的实际需要，设置了三个层次的学习内容，由浅入深地进行学习，不同层次或不同需要的读者都可以按照进度学习到自己所需要掌握的知识。

轻语法，重实践。本书的语法讲解都围绕着编程实践展开，重点在于引导读者学会如何把实际问题转化为计算机程序，着重培养读者的实际动手能力。

实战练习，步步提高。实践是学习编程的最好方法，本书通过三种方法来提高读者的实践能力：第一，本书的所有代码都在实际的环境中调试通过，提供给读者一个可以模仿的范本，便于读者的初步学习；第二，本书的实例问题在不同章节会反复出现，但是每次出现都会提高难度，帮助读者逐步掌握复杂程序的设计方法；第三，通过设置实战章节，集中讲解与实际问题有关的算法知识，帮助读者掌握解决实际问题的方法。

贴心提醒，处处引导。本书贯彻引导学生自主学习的思路，将各种编程时要注意的问题、语法陷阱及需要深入思考的问题等设置为不同的小栏目，让读者在学习过程中自然轻松地了解相关知识。

本书是由多年从事软件设计与C语言教学的教师编写的，主要编写人员有李德龙、户军茹、丁谊、张震。在成书的过程中，得到了张敏情、郭敦陶、武光明等的帮助。我们始终本着科学、严谨的态度，力求精益求精，但书中错误、疏漏之处在所难免，敬请广大读者批评指正。

祝读者顺利进入计算机程序设计的领域！

编者

2015年6月

目录/CONTENTS

第一篇 基础篇

第二篇　提高篇

第三篇　高级篇

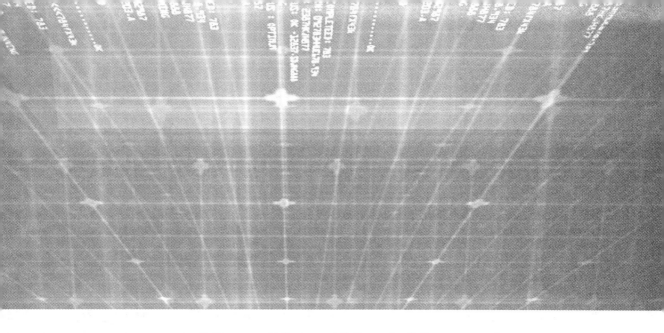

第一篇　基础篇

第 **1** 章 初识 C 语言

自 1946 年世界上第一台电子计算机问世以来，计算机科学及其应用的发展十分迅猛，计算机被广泛地应用于人类生产、生活的各个领域，推动了社会的进步与发展。计算机已将人类带入了一个新的时代——信息时代。新的时代对于我们的基本要求之一便是自觉、主动地学习和掌握计算机的基本知识和基本技能，并把它作为自己应该具备的基本素质。要充分认识到，缺乏计算机知识，就是信息时代的"文盲"。对于理工科的大学生而言，掌握一门高级程序设计语言及其基本的编程技能是必需的。

计算机是由硬件系统和软件系统两大部分构成的。硬件是物质基础，而软件可以说是计算机的灵魂，没有软件，计算机就是一台"裸机"，什么也不能干；有了软件，才能灵动起来，成为一台真正的"电脑"。所有的软件，都是用计算机语言编写的。

1.1 C 语言的诞生

计算机程序设计语言的发展，经历了从机器语言、汇编语言到高级语言的历程。

1.1.1 机器语言

电子计算机所使用的是由" 0"和"1"组成的二进制数，二进制是计算机语言的基础。计算机发明之初，人们只能降贵纡尊，用计算机的语言去命令计算机干这干那。一句话，就是写出一串串由" 0"和" 1"组成的指令序列交由计算机执行，这种语言就是机器语言。

使用机器语言是十分痛苦的，特别是在程序有错需要修改时，更是如此。而且，由于每台计算机的指令系统往往各不相同，所以在一台计算机上执行的程序，要想在另一台计算机上执行，必须另编程序，造成了重复工作。但由于使用的是针对特定型号计算机的语言，故而运算效率是所有语言中最高的。机器语言，是第一代计算机语言。

1.1.2 汇编语言

为了减轻使用机器语言编程的痛苦，人们进行了一种有益的改进：用一些简洁的英文字母、符号串替代一个特定指令的二进制串。例如，用" ADD"代表加法，"MOV"代表数据传递等。这样一来，人们很容易读懂并理解程序在干什么，纠错及维护都变得方便了，这种程序设计语言称为汇编语言，即第二代计算机语言。然而计算机是不认识这些符号的，这就需要一个专门的程序，负责将这些符号翻译成二进制数的机器语言，这种翻译程序被称为汇编程序。

汇编语言同样十分依赖于机器硬件，移植性不好，但效率仍十分高。针对计算机特定硬件而编制的汇编语言程序，能准确发挥计算机硬件的功能和特长，程序精炼而质量高，所以至今仍是一种常用而强有力的软件开发工具。

1.1.3　高级语言

从最初与计算机交流的痛苦经历中，人们意识到，应该设计一种这样的语言，这种语言接近于数学语言或人的自然语言，同时又不依赖于计算机硬件，编出的程序能在所有机器上通用。经过努力，1954 年，第一个完全脱离机器硬件的高级语言——FORTRAN 问世了，60 多年来，共有几百种高级语言出现，有重要意义的有几十种，影响较大、使用较普遍的有 FORTRAN、ALGOL、COBOL、BASIC、LISP、SNOBOL、PL/1、Pascal、C、PROLOG、Ada、C++、VC、VB、Delphi、JAVA 等。

高级语言的发展也经历了从早期语言到结构化程序设计语言，从面向过程到非过程化程序语言的过程。相应地，软件的开发也由最初的个体手工作坊式的封闭式生产，发展为产业化、流水线式的工业化生产。60 年代中后期，软件越来越多，规模越来越大，而软件的生产基本上是各自为战，缺乏科学规范的系统规划与测试、评估标准，其恶果是大批耗费巨资建立起来的软件系统，由于含有错误而无法使用，甚至带来巨大损失，软件给人的感觉是越来越不可靠，以致几乎没有不出错的软件。这一切，极大地震动了计算机界，史称"软件危机"。人们认识到：大型程序的编制不同于写小程序，它应该是一项新的技术，应该像处理工程一样处理软件研制的全过程。程序的设计应易于保证正确性，也便于验证正确性。1969 年，提出了结构化程序设计方法，1970 年，第一个结构化程序设计语言——Pascal 语言出现，标志着结构化程序设计时期的开始。

1.1.4　C 语言

C 语言之所以命名为 C，是因为 C 语言源自 Ken Thompson（肯·汤普逊）发明的 B 语言，而 B 语言则源自 BCPL 语言。

1967 年，剑桥大学的 Martin Richards 对 CPL 语言进行了简化，于是产生了 BCPL（Basic Combined Programming Language）语言。

1970 年，美国贝尔实验室的 Ken Thompson 以 BCPL 语言为基础，设计出很简单且很接近硬件的 B 语言（取 BCPL 的首字母）。并且他用 B 语言写了第一个 UNIX 操作系统。

1972 年，美国贝尔实验室的 D.M.Ritchie （丹尼斯·里奇）在 B 语言的基础上最终设计出了一种新的语言，他取了 BCPL 的

C 语言创始人 D. M. Ritchie

第二个字母作为这种语言的名字，这就是 C 语言。他与 Ken Thompson 同为 1983 年图灵奖得主。

1977 年，Dennis M.Ritchie 发表了不依赖于具体机器系统的 C 语言编译文本《可移植的 C 语言编译程序》。

● K&R C

1978 年由美国电话电报公司(AT&T）贝尔实验室正式发表了 C 语言。Brian Kernighan 和

Dennis Ritchie 出版了一本书，名叫《The C Programming Language》。这本书被 C 语言开发者们称为"K&R"，很多年来被当作 C 语言的非正式的标准说明。人们称这个版本的 C 语言为"K&R C"。

- ANSI C

1970 到 80 年代，C 语言被广泛应用，从大型主机到小型微机，也衍生了 C 语言的很多不同版本。

1983 年美国国家标准局（American National Standards Institute，简称 ANSI）成立了一个委员会，来制定 C 语言标准。

1989 年 C 语言标准被批准，被称为 ANSI X3.159-1989 "Programming Language C"。这个版本的 C 语言标准通常被称为 ANSI C。

- C99

1990 年，国际标准化组织 ISO（International Organization for Standards）接受了 89 ANSIC 为 ISOC 的标准（ISO 9899—1990）。1994 年，ISO 修订了 C 语言的标准。

1995 年，ISO 对 C90 做了一些修订，即"1995 基准增补 1（ISO/IEC/9899/AMD1:1995）"。

1999 年，ISO 又对 C 语言标准进行修订，在基本保留原来 C 语言特征的基础上，针对应该的需要，增加了一些功能，命名为 ISO/IEC 9899:1999。

在 ANSI 标准化后，C 语言的标准在一段相当的时间内都保持不变，尽管 C 语言继续在改进。（实际上，Normative Amendmentl 在 1995 年已经开发了一个新的 C 语言版本。但是这个版本很少为人所知。）它被 ANSI 于 2000 年 3 月采用。

- C11

2001 年和 2004 年先后进行了两次技术修正。

2011 年 12 月 8 日，ISO 正式公布 C 语言新的国际标准草案：ISO/IEC 9899:2011，即 C11。

1.1.5　面向对象程序语言

８０年代初开始，在软件设计思想上，又产生了一次革命，其成果就是面向对象的程序设计。在此之前的高级语言，几乎都是面向过程的，程序的执行是流水线似的，在一个模块被执行完成前，人们不能干别的事，也无法动态地改变程序的执行方向。这和人们日常处理事物的方式是不一致的，对人而言是希望发生一件事就处理一件事，也就是说，不能面向过程，而应是面向具体的应用功能，也就是对象（object）。其方法就是软件的集成化，如同硬件的集成电路一样，生产一些通用的、封装紧密的功能模块，称之为软件集成块，它与具体应用无关，但能相互组合，完成具体的应用功能，同时又能重复使用。对使用者来说，只关心它的接口（输入量、输出量）及能实现的功能，至于如何实现的，那是它内部的事，使用者完全不用关心，C++、VB、Delphi 就是典型代表。

1.1.6　下一代程序设计语言

高级语言的下一个发展目标是面向应用，也就是说：只需要告诉程序你要干什么，程序就能自动生成算法，自动进行处理，这就是非过程化的程序语言。例如数据库查询语言 SQL（Structured Query Language）。

1.2　C 语言的特点

C 语言是一种计算机程序设计语言，它既具有高级语言的特点，又具有汇编语言的特点。1978 年后，C 语言已先后被移植到大、中、小及微型机上，它可以作为工作系统设计语言，编写系统应用程序，也可以作为应用程序设计语言，编写不依赖计算机硬件的应用程序。它的应用范围广泛，具备很强的数据处理能力，不仅仅是在软件开发上，而且各类科研都需要用到 C 语言，同时结合各种 C 语言支持的函数库，可以用于编写系统软件，三维、二维图形和动画，具体应用比如单片机以及嵌入式系统开发。

1.2.1　优点

（1）语言简洁、紧凑、使用灵活、方便。C 语言共有 32 个关键字，9 种控制语句，程序书写形式自由，主要用小写字母表示。

C 语言	PASCAL	语言含义
{…}	BEGIN …END	复合语句
if (e) S;	IF (e) THEN S	条件语句
int i;	VAR i : INTEGER	定义 i 为整型变量
int f ( );	FUNCTION f ( ): INTEGER	定义 f 为整型的函数
int *p; VAR	P: INTEGER	定义 P 为指针变量
i++, ++i	i=i+1	i 自增值 1, i=i+1

（2）运算符丰富。C 语言共有 34 种运算符，运算类型丰富，表达式类型多样，使用灵活方便。

（3）数据结构丰富。C 语言具有现代化语言的各种数据结构，如：整型、实型、字符型、数组类型、指针类型、结构体类型、共用体类型等，能实现各种复杂的数据结构的运算。

（4）具有结构化的控制语句。C 语言用函数作为程序模块以实现程序的模块化，是结构化的理想语言，符合现代编程风格要求。如：

| if...else 语句 | while 语句 | do...while 语句 |
| switch 语句 | for 语句 | break 语句 |

（5）程序设计自由度大。一般的高级语言语法检查比较严，而 C 语言允许程序员有较大的自由度，放宽了语法检查。C 语言程序员要求对程序设计更为熟练。

（6）可直接对硬件进行操作。C 语言允许直接访问物理地址，进行位操作，能实现汇编语言的大部分功能。

（7）程序执行效率高。C 语言描述问题比汇编语言迅速，工作量小、可读性好，易于调试、修改和移植，而代码质量与汇编语言相当。C 语言一般只比汇编程序生成的目标代码效率低 10%～20%。

（8）可移植性好。C 语言在不同机器上的 C 编译程序，86% 的代码是公共的，所以 C 语言的编译程序便于移植。在一个环境上用 C 语言编写的程序，不改动或稍加改动，就可移植到另一个完全不同的环境中运行。

1.2.2　缺点

（1）C 语言的缺点主要表现在数据的封装性上，这一点使得 C 语言在数据的安全性上有很大缺陷，这也是 C 语言和 C++ 的一大区别。

（2）C 语言的语法限制不太严格，对变量的类型约束不严格，影响程序的安全性，对数组下标越界不作检查等。从应用的角度，C 语言比其他高级语言较难掌握。也就是说，对用 C 语言的人，要求对程序设计更熟练一些。

1.3 C 语言开发环境的搭建

常用的编译软件有 Microsoft Visual C++，Borland C++，gcc(Linux 系统下最常用的编译器)，Watcom C++ ， Borland C++ Builder，Borland C++ 3.1 for DOS，Watcom C++ 11.0 for DOS，GNUDJGPP C++， Lccwin32 C Compiler 3.1，Microsoft C，High C 等。我们上课使用 Borland C++ 的编译器，为了使用方便，采用编译软件 Visual C++ 6.0 作为开发环境。它比 DOS 环境下的 Turbo C 环境使用更加方便。

1.3.1 编译软件 Visual C++ 6.0 的安装

（1）安装 Visual C++ 6.0。双击安装文件，在下面安装界面上单击"Next"。

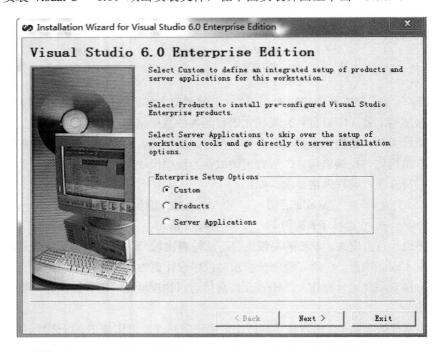

（2）一直选择下一步，直到安装结束，单击"OK"按钮，自动运行 Visual Studio 6.0 程序。

1.3.2　Visual C++ 6.0 的使用

（1）文件的创建与打开。如果是创建新的程序，选择"文件"→"新建"命令，系统默认新创建的文件后缀名为".cpp"。如果要打开已有的程序文件，选择"文件"→"打开"命令。

（2）文件的编辑与保存。创建好新的程序文件或打开已有的程序文件后，可以在编辑区内对该文件进行编辑，编辑好以后选择"文件"→"保存"命令，保存编辑好的程序文件。如果想修改文件的扩展名，比如要保存为".c"文件，可以选择"文件"→"另存为"命令，保存时将扩展名选为".c"就可以了。

（3）文件的调试与运行。该部分内容在讲授具体程序时讲解。

1.4　简单的 C 语言程序

C 语言是国际上广泛流行的计算机高级语言，它是一种用途广泛、功能强大、使用灵活的过程性编程语言，既可用于编写应用程序，又能用于编写系统软件。同时 C 语言又接近自然语言，更易理解和使用，下面先通过几个简单的 C 程序了解一下 C 语言的编程过程。

[例 1-1] 求 1~100 的和。

```
#include <stdio.h>
int main()
{
    int i,sum=0;
    for(i=1;i<=100;i=i+1)
        sum=sum+i;
    printf("%d",sum);
}
```

从以上程序可以看出，C 语言很接近自然语言，我们在学习 C 语言的语法之前，就可以基本上理解 C 程序的功能，并能在此功能上进行改进。例如，可以将上面的程序改为求 1 到 100 的奇数的和。

[例 1-2] 求 1~100 奇数的和。

```
#include <stdio.h>
int main()
{
    int i,sum=0;
    for(i=1;i<=100;i=i+2)
        sum=sum+i;
    printf("%d",sum);
}
```

思考题

求 1 到 1000 偶数的和。

提　示

■ 如何执行示例程序？

第一步：打开 Visual C++ 6.0 程序，菜单"文件→新建"，新建一个 CPP 文件。

第二步：创建好 C 程序文件后，在编辑区内对该程序文件进行编辑。

第三步：编辑好程序文件后，按 F5 键运行程序，查看运行结果。

■ 示例程序无法执行怎么办？

示例程序无法执行的原因都是由于输入错误造成的，主要有以下几种情况：

1．输入程序时没有区分大小写字母；

2．输入程序时没有区分半角和全角（字母、数字、空格）；

3．程序的语句后面没有加"；"；

4．变量类型与变量之间没有空格。

5．除了双引号之间，其他地方不能出现汉字和全角字符。

1.5　C 语言程序的基本结构

1.5.1　基本程序结构

任何一种程序设计语言都具有特定的语法规则和规定的表达方法。一个程序只有严格按照语言规定的语法和表达方式编写，才能保证编写的程序在计算机中能正确地执行，同时也便于阅读和理解。

为了了解 C 语言的基本程序结构，我们先介绍几个简单的 C 程序。

[例 1-3]

```
# include <stdio.h>                           //标准函数库
int main( )                                   //主函数
{
    printf("This is a sample of c program. ");   /*调用标准库函数,
                                                  显示引号中的内容*/
}
```

这是一个最简单的 C 程序，其执行结果是在屏幕上显示一行信息：

```
This is a sample of c program.
```

提　示

■ 在 C 语言程序中如何添加注释？

注释：表示对程序的说明（称为注释），不参与程序的运行。注释文字可以是任意字符如汉字、拼音、英文等。

//是 C99 标准及 C++中的注释风格，用于单行注释，从//符号开始到行结束的为注释部分。

/*　*/ 是 C 旧标准中的注释风格，在新的 C99 标准及 C++中也可以使用，一般用于多行注释。

[例 1-4] 求两数之和。

```c
#include <stdio.h>
int main()                          //主函数
{
    inta,b,sum;                     /*定义变量*/
    a=123;                          //赋初值
    b=456;                          //赋初值
    sum=a+b;                        //实现求和运算，将结果放在 sum 中
    printf("sumis%d\n",sum);        //输出 sum 的值
}
```

[例 1-5] 输入长方体的长、宽、高，计算长方体体积。

```c
#include <stdio.h>
int main()
{
    intx,y,z,v;//定义整型变量
    int volume(int a,int b,int c);  //声明后面定义的用户函数
    scanf("%d,%d,%d",&x,&y,&z);     /*调用标数，从键盘输入 x,y,z 的值*/
    v=volume(x,y,z);                /*调用 volume 函数，计算体积*/
    printf("v=%d\n",v);
}

intvolume(inta,intb,intc)          //定义 volume 函数,对形参 a,b,c 作类型定义
{
    intp;                          //定义函数内部使用的变量 p
    p=a*b*c;                       //计算体积 p 的值
    return(p);                     //将 p 值返回调用处
}
```

本程序的功能是对从键盘输入的长方体的长、宽、高三个整型量求其体积的值。程序运行的情况如下：

```
5,8,6
v=240
```

在本例中，main 函数在调用 volume 函数时，将实际参数 x、y、z 的值分别传送给 volume 函数中的形式参数 a、b、c。经过执行 volume 函数得到一个结果（即 volume 函数中变量 p 的值）并把这个值赋给变量 v。

从以上的程序可以看出，一个 C 语言程序的结构有以下特点。

（1）C 程序是由函数构成的。C 程序为函数模块结构，所有的 C 程序都是由一个或多个函数构成，有编译系统提供的标准函数（如 printf、scanf 等）以及用户自己定义的函数（如 proc、func、volume 等）。其中必须只能有一个主函数 main()。

（2）一个函数由两部分组成：

① 函数的说明部分；

② 函数体。

（3）C 程序总是从 main 函数开始执行，而不论 main 函数在整个程序中的位置如何。

（4）C 程序书写格式自由。

（5）语句和数据定义最后必须有一个分号。

（6）C 语言对输入输出实行"函数化"，C 语言本身不提供输入输出语句。

（7）可在程序内对任何部分作注释。

提 示

■C 语言程序是如何执行的？

程序从主函数 main()开始执行，每条语句顺序执行，当执行到调用函数的语句时，程序将控制转移到调用函数中执行，执行结束后，再返回主函数中继续运行，直至程序执行结束。

1.5.2　C 语言的关键字

C 语言共有 32 个关键字，它们与标准 C 句法结合，形成了程序设计语言 C。

auto breakcasecharconst continue default

dodouble else enumextern float for

goto ifint long register short signed

sizeofstatic returnstructswitch typedefunion

unsigned void volatilewhile

C 语言的关键字都用小写字母。C 语言中区分大小写，else 是关键字，"ELSE"则不是。在 C 程序中，关键字不能用于其他目的，即不允许将关键字作为变量名或函数名使用。

1.6　算法及流程图

人们使用计算机，就是要利用计算机处理各种不同的问题，而要做到这一点，人们就必须事先对各类问题进行分析，确定解决问题的具体方法和步骤，再编制好一组让计算机执行的指令即程序，交给计算机，让计算机按人们指定的步骤有效地工作。这些具体的方法和步骤，其实就是解决一个问题的算法。

下面通过例子来介绍如何设计一个算法。

[例 1-6] 输入三个数，然后输出其中最大的数。

首先，得先有个地方装这三个数，我们定义三个变量 A、B、C，将三个数依次输入到 A、B、C 中，另外，再准备一个 MAX 装最大数。

由于计算机一次只能比较两个数，我们首先把 A 与 B 比，大的数放入 MAX 中，再把 MAX 与 C 比，又把大的数放入 MAX 中。最后，把 MAX 输出，此时 MAX 中装的就是 A、B、C 三数中最大的一个数。算法可以表示如下。

（1）输入 A、B、C。

（2）A 与 B 中大的一个放入 MAX 中。

（3）把 C 与 MAX 中大的一个放入 MAX 中。

（4）输出 MAX，MAX 即为最大数。

其中的（2）、（3）两步仍不明确，无法直接转化为程序语句，可以继续细化。即

（2）把 A 与 B 中大的一个放入 MAX 中，若 A>B，则 MAX←A；否则 MAX←B。

（3）把 C 与 MAX 中大的一个放入 MAX 中，若 C>MAX，则 MAX←C。

于是算法最后可以写成如下形式。

（1）输入 A，B，C。

（2）若 A>B，则 MAX←A；否则 MAX←B。

（3）若 C>MAX，则 MAX←C。

（4）输出 MAX，MAX 即为最大数。

这样的算法已经可以很方便地转化为相应的程序语句了。这种算法描述是用自然语言实现的，算法的描述方法还有伪代码、流程图、N-S 图、PAD 图等。下面用流程图的方法描述上题的算法，如图 1-1 所示。

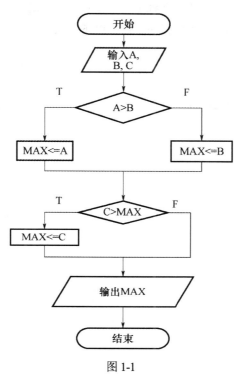

图 1-1

流程图是一种传统的算法表示法，它利用几何图形的框来代表各种不同性质的操作，用流程线来指示算法的执行方向。由于它简单直观，所以应用广泛，特别是在早期语言阶段，只有通过流程图才能简明地表述算法，流程图成为程序员们交流的重要手段。

下面介绍常见的流程图符号及流程图的例子。

本章[例 1-6]的算法的流程图如图 1-1 所示。

在流程图中，判断框左边的流程线表示判断条件为真时的流程，右边的流程线表示条件为假时的流程，有时就在其左、右流程线的上方分别标注"真"、"假"或"T"、"F"或"Y"、"N"。

另外还规定，流程线是从下往上或从右向左时，必须带箭头，除此以外，都不画箭头。流程线的走向总是从上向下或从左向右，如图 1-2 所示。

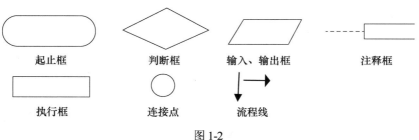

图 1-2

习　题

1. 安装 VC++，创建作业文件夹，命名方式为：学号_姓名。
2. 什么是程序？什么是程序设计？
3. 熟悉上机运行 C 程序的方法，上机运行本章第 5 个例题。
4. 请参照本章例题，缩写一个 C 程序，输出以下信息：

```
###################
Hello World!
###################
```

5. 画出本章例 6 程序的流程图。

第2章 变量、运算符及输入输出

2.1 数据类型

C 语言有五种基本数据类型：字符、整型、单精度实型、双精度实型和空类型。尽管这几种类型数据的长度和范围随处理器的类型和 C 语言编译程序的实现而异，但以 bit 为例，整数与 CPU 字长相等，一个字符通常为一个字节，浮点值的确切格式则根据实现而定。对于现在的多数的编译器，表 2-1 给出了五种数据的长度和范围以及表现形式。

C 语言还支持另一种预定义数据，这就是串。所有串常量括在双撇号之间，例如"This is a test"。切记，不要把字符和串相混淆，单个字符常量是由单撇号括起来的，如'a'.

表 2-1　基本类型的字长和范围

类型	长度（bit）	范围	C 语言中的表现形式
char（字符型）	8	0~255	'a'、'\n'、'9'
int（整型）	32	-2147483648~2147483647	21、123、2100、-2
float（单精度型）	32	6~7 位有效数字	123.23、4.3、4e-3
double（双精度型）	64	15~16 位有效数字	123.23、-0.9876234
void（空值型）	0	无值	

表中的长度和范围的取值是假定 CPU 的字长为 32bit（32 位）。

除了表中的类型外，C 语言还支持 `long int`、`short int`、`unsigned int` 等类型。C99 标准中引入了表示真假的 `bool`（布尔）类型。

提　示

■ 什么是浮点数的有效位数？

指从第一个非零的数字开始的 N 个数字是准确的，之后的都为计算误差，没有实际意义。

提　示

■ 怎样测试某种数据类型占用几个字节？

```
#include<stdio.h>
```

```
int main()
{
    printf("%d",sizeof(int));    //这里的 int 可以换为任何数据类型
}
```

2.2 常量与变量

[例 2-1] 根据输入圆的半径，求圆的周长和面积。

```
#include <stdio.h>
int main()
{
 float r,l,area;                //定义实型变量，半径为 r，周长为 l，面积为 area
scanf("%f",&r);
 l=2*3.1415926535*r;           //2 和 3.14159 为常量
 area=3.14159*r*r;
printf("圆的周长为%f，圆的面积为%f",l,area);
}
```

2.2.1 常量

在 C 程序中，有时候一个数值串很长，或者一些有固定含义的数值，无法在程序中体现出它的含义，例如：3.1415926535 代表数学中的 PI，那么如果能直接用 PI 代替 3.1415926535，会让程序更易于理解，C 语言中提供了一种符号常量，可以实现这样的功能。

C 语言允许将程序中的常量定义为一个标识符，称为**符号常量**。符号常量一般使用大写英文字母表示，以区别于一般用小写字母表示的变量。符号常量在使用前必须先定义，定义的形式如下。

```
#define<符号常量名><常量>
```

例如：
```
#definePI3.1415926535
#defineTRUE1
#defineFALSE0
#defineSTAR'*'
```

这里定义 PI、TRUE、FLASE、STAR 为符号常量，其值分别为 3.1415926535，1，0，'*'。

[例 2-2] 用符号常量修改例 2-1 的程序。

```
#include <stdio.h>
#define PI 3.1415926535
int main()
{
float r,l,area;
 scanf("%f",&r);
 l=2*PI*r;
 area=PI*r*r;
 printf("圆的周长为%f，圆的面积为%f",l,area);
}
```

提　示

■ **在 C 语言程序中使用符号常量有哪些优点？**

1. 使得常量的含义更加清楚，程序更易理解。
2. 可以用简单的标识符代替比较长的数值串。
3. 程序更易查错，如果是单纯的数据，在程序中无法检查其是否输入正确。如果是符号常量，只需在定义时检查其正确性，在使用过程中如果将符号常量写错，系统会检查出来。
4. 在修改符号常量的值时，只需修改其定义的部分，即 "一改全改"

思考题 1

将物品的单价作为符号常量，输入物品的数量，求该物品的总价并输出单价和总价。

2.2.2　变量

其值可以改变的量称为**变量**。变量代表内存中具有特定属性的一个存储单元，它用来存放数据，这就是变量的值，在程序运行期间，这些值是可以改变的。一个变量应该有一个名字(标识符)，在内存中占据一定的存储单元，在该存储单元中存放变量的值。请参照图 2-1 注意区分变量名和变量值这两个不同的概念。

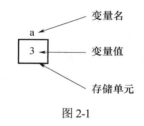

图 2-1

所有的 C 变量必须在使用之前定义。定义变量的一般形式是：

```
type variable_list;
```

这里的 type 必须是有效的 C 数据类型，variable_list（变量表）可以由一个或多个由逗号分隔的多个标识符名构成。下面给出一些定义的范例。

```
int i, j, l;
short int si;
unsigned int ui;
double balance, profit,loss;
```

注意 C 语言中变量名与其类型无关，它们有其相关的命名规则。

2.2.3　变量名命名规则

在 C 语言中，变量名和函数名等的命名不超过 31 个字符（超过的不识别），第一个字符必须是字母或下划线，随后的字符必须是字母、数字或下划线。

正确形式	错误形式
for2	for
test23	hi!here
high_balance	high.. balance

注意：C 语言中的字母是有大小写区别的，因此 count、Count、COUNT 是三个不同的标识符。标识符不能和 C 语言的关键字相同，也不能和用户已编制的函数或 C 语言库函数同名。

2.3 整型数据（整数）

2.3.1 整型数据

整型数据可以是十进制、八进制、十六进制数字表示的整数值（如表 2-2 所列）。

十进制数是平时使用的数制，注意第一位不能是 0。

八进制数必须以 0 开始，可以是一个或多个八进制数（0～7 之间）。

十六进制数必须以 0xh 或 0Xh 开始，可以是一个或多个十六进制数（从 0～9 的数字，并从 "a" ～ "f" 的字母）。

表 2-2　整型数据不同进制的表现形式

十进制	八进制	十六进制
10	012	0Xa 或 0XA
132	0204	0X84
32179	076663	0X7db3 或 0X7DB3

2.3.2 整型变量

前面已提到，C 规定在程序中所有用到的变量都必须在程序中指定其类型，即**"定义"**。

```
inta,b,c,d; /*指定 a , b , c , d 为整型变量*/
```

 思考题 2

如果整型数据超出它所定义的类型的范围，会出现什么情况，编程验证。

2.4 实型数据（实数）

2.4.1 实型数据

实型数据又称浮点数据，是一个十进制表示的符号实数。它的表示方法与数学相同。

所有的实型数据均视为双精度类型。

注意：如果使用科学计数法表示，字母 E 或 e 之前必须有数字，且 E 或 e 后面指数必须为整数，如 e3、2.1e3.5、.e3、e 等都是不合法的指数形式。

2.4.2 实型变量

实型变量分为单精度（float 型）和双精度（double 型）。对每一个实型变量都应在使用前加以定义。定义形式如下。

```
floatx,y; /*指定 x,y 为单精度实数*/
doublez; /*指定 z 为双精度实数*/
```

思考题 3

编写程序：将 123456.721 赋值给一个 float 类型变量 a,再输出 a。

问：输出的数值是多少？为什么？

2.5 字符型数据

2.5.1 字符常量

字符常量是指用一对单引号括起来的一个字符。如 'a'，'9'，'!'。字符常量中的单引号只起定界作用并不表示字符本身。单引号中的字符不能是单引号（'）和反斜杠（\），它们特有的表示法在转义字符中介绍。

在 C 语言中，字符是按其所对应的 ASCII 码值来存储的，一个字符占一个字节。如表 2-3 所列。

表 2-3 常用字符的 ASCII 码值

字符	ASCII 码值（十进制）
!	33
0	48
1	49
9	57
A	65
B	66
a	97
b	98

注意字符'9'和数字 9 的区别，前者是字符常量，后者是整型常量，它们的含义和在计算机中的存储方式都截然不同。

由于 C 语言中字符常量是按整数存储（区别是字符型占 1 个字节）的，所以字符常量可以像整数一样在程序中参与相关的运算。例如：

'a'—32;/*执行结果 97-32=65*/

'A'+32；/*执行结果 65+32=97*/

'9'—9；/*执行结果 57-9=48*/

[例 2-3] 字符数据和整型数据的运算。

```c
#include <stdio.h>
int main()
{
int c;
char f,result;
c=9;
f='A';
result=c+f;                    //思考一下，c+f有什么实际的意义呢？
printf("结果=%c\n",result);    //输出结果
```

```
}
```
运行结果：

结果=J

 思考题 4

如果将[例 2-4]中的最后的输出语句改为
```
printf("结果=%d\n",result);
```
程序的输出结果是什么？为什么？

2.5.2 转义字符

转义字符是 C 语言中表示字符的一种特殊形式。通常使用转义字符表示 ASCII 码字符集中不可打印的控制字符和特定功能的字符，如用于表示字符常量的单撇号（'），用于表示字符串常量的双撇号（"）和反斜杠（\）等。转义字符用反斜杠\后面跟一个字符或一个八进制或十六进制数表示。表 2-4 给出了 C 语言中常用的转义字符。

表 2-4　转义字符

转义字符	意义	ASCII 码值（十进制）
\n	换行(LF)	010
\'	单引号字符	039
\"	双引号字符	034
\\	反斜杠	092
\0	空字符(NULL)	000
\ddd	任意字符三位八进制	
\xhh	任意字符二位十六进制	

字符数据中使用单引号、双引号和反斜杠时，都必须使用转义字符表示，即在这些字符前加上反斜杠。

在 C 程序中使用转义字符\ddd 或者\xhh 可以方便灵活地表示任意字符。\ddd 为斜杠后面跟三位八进制数，该三位八进制数的值即为对应的八进制 ASCII 码值。\x 后面跟两位十六进制数，该两位十六进制数为对应字符的十六进制 ASCII 码值。

 提　示

使用转义字符时需要注意的问题

1. 转义字符中只能使用小写字母，每个转义字符只能看作一个字符。
2. 在 C 程序中，使用不可打印字符时，通常用转义字符表示。

2.5.3 字符变量

字符变量用来存放字符型数据，注意只能存放一个字符，不要以为在一个字符变量中可以放字符串。

字符变量的定义形式如下。
```
charc1, c2;
```

它表示 c1 和 c2 为字符变量，各放一个字符。因此可以用下面语句对 c1、c2 赋值：

```
c1='a';
c2='b';
```

[例 2-4] 字符型变量的定义、赋值和输出。

```
#include <stdio.h>
int main()
{
charc1,c2;
c1=65;
c2=66;
printf("%c%c",c1,c2);
}
```

c1、c2 被指定为字符变量。但在第 3 行中，将整数 65 和 66 分别赋给 c1 和 c2，它的作用相当于以下两个赋值语句：

```
c1='A';
c2='B';
```

因为'A'和'B'的 ASCII 码为 65 和 66。第 4 行将输出两个字符。"%c"是输出字符的格式。程序输出：AB

[例 2-5] 将给定的小写字母转为大写字母。

```
#include <stdio.h>
int main()
{
charc1,c2;
c1='a';
c2='b';
c1=c1-32;   //思考: 为什么减 32?
c2=c2-32;
printf("%c%c",c1,c2);
}
```

运行结果为

```
AB
```

它的作用是将两个小写字母转换为大写字母。因为'a'的 ASCII 码为 97，而'A'为 65，'b'为 98，'B'为 66。

思考题 5

编写程序，实现将大写字母转换为小写字母。

2.6　算术运算符

2.6.1　算术运算符

表 2-5 列出了 C 语言中允许的算术运算符。在 C 语言中，运算符"＋"、"－"、"＊"和"/"的用法与大多数计算机语言的相同，几乎可用于所有 C 语言内定义的数据类型。当除数与被除数都为整数时，结果取整。例如，在整数除法中，10/3=3。

模运算符"%"在 C 语言中也同它在其他语言中的用法相同。切记，模运算取整数除法的余数，所以"%"不能用于 float 和 double 类型。

表 2-5 算术运算符

运算符	作用	运算符	作用
–	减法	%	模运算（求余）
+	加法	--	自减（减 1）
*	乘法	++	自增（增 1）
/	除法		

自增和自减运算符，通常在其他计算机语言中是找不到的。运算符"++"是操作数加 1，而"--"是操作数减 1，换句话说：

x=x+1;同++x;

x=x-1;同--x;

 提 示

为了避免错误，++，--运算符最好不要在表达式中和其他运算符混合使用。

2.6.2 算术运算符的优先级

编译程序对同级运算符按从左到右的顺序进行计算。当然，括号可改变计算顺序。C 语言处理括号的方法与几乎所有的计算机语言相同：强迫某个运算或某组运算的优先级升高。

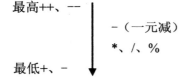

最高++、--

–（一元减）

*、/、%

最低+、–

 提 示

■ **如果记不清优先级关系怎么办？**

使用括号。 使用括号将自己编程时设想的优先级次序明确的表达出来，比依赖 C 语言自己的默认优先级来实现要好的多。

2.6.3 强制类型转换

可以用强制类型转换运算符将一个表达式转换成所需类型。示例如下。

（double）a（将 a 转换成 double 类型）

（int）（x+y）（将 x+y 的值转换成 int 型）

（float）（5%3）（将 5%3 的值转换成 float 型）

其一般形式如下。

（类型名）（表达式）

需要说明的是，在强制类型转换时，得到一个所需类型的中间数据，而原来变量的类型未发生变化。示例如下。

```
a=（int）x
```

如果已定义 x 为 float 型变量，a 为整型变量，进行强制类型转换运算（int）x 后得到一个 int 类型的临时值，它的值等于 x 的整数部分，把它赋给 a，注意 x 的值和类型都未变化，仍为 float 型。该临时值在赋值后就不存在了。

提　示

■ 使用强制类型转换需要注意的问题

1. 如果要将 x+y 强制转换为整型，表达式应该用括号括起来。如果写成（int）x+y 则只将 x 转换成整型，然后与 y 相加。

2. 强制类型转换中的类型关键字一定要用括号括起来，否则出现语法错误。

思考题 6

编程实现将实型数据强制转换为整型数据，观察其值是否被四舍五入。

如果没有，编程实现四舍五入。

2.7　输入输出函数的使用及格式输出

在程序的运行过程中，往往需要由用户输入一些数据，而程序运算所得到的计算结果等又需要输出给用户，由此实现人与计算机之间的交互，所以在程序设计中，输入输出函数是必不可少的重要语句，在 C 语言中，没有专门的输入输出语句，所有的输入输出操作都是通过对标准 I/O 库函数的调用实现。最常用的输入输出函数有 scanf()、printf()，以下分别介绍。

2.7.1　scanf()函数及输入格式控制

格式化输入函数 scanf() 的功能是从键盘上输入数据，该输入数据按指定的输入格式被赋给相应的输入项。函数一般格式为

```
scanf("控制字符串"，输入项列表);
```

其中控制字符串规定数据的输入格式，必须用双引号括起，其内容是由格式说明和普通字符两部分组成。输入项列表则由一个或多个变量地址组成，当变量地址有多个时，各变量地址之间用"，"分隔。

scanf()中各变量要加地址操作符，就是变量名前加"&"，这是初学者容易忽略的一个问题。应注意输入类型与变量类型一致。

下面探讨控制字符串的两个组成部分：格式说明和普通字符。

（1）格式说明。格式说明规定了输入项中的变量以何种类型的数据格式被输入，形式是：

%格式字

常见格式字符意义如下。

d 输入一个十进制整数

f 输入一个 float 类型数据

lf 输入 double 类型数据

c 输入一个字符

s 输入一个字符串

（2）普通字符。在 scanf 语句中的普通字符在输入时必须原样输入，而输入数据的用户往往不知道有这些字符，所以在 scanf 语句中不要使用转义字符之外的其他字符。但空格字符在输入字符型数据时有特别的用途。

 提　示

多个数据的连续输入时，可以使用空格，回车，TAB 键作为数据之间的分割符。

[例 2-6] 多个数据的输入。

```
#include <stdio.h>
int main()
{
int a,b;
float f;
scanf("%d%d%f",&a,&b,&f);  //注意: 格式符之间没有任何字符
printf("%d,%d,%f",a,b,f);
}
```

程序执行结果:

8□6□5.23↙

8,6,9.230000

还可以换一种输入

8↙

6↙

9.23↙

8,6,9.2300000

当 scanf 得到了它所需要的所有数据后，它就完成了输入工作，执行下一条语句。

 提　示

■ 在输入数据时，为什么一直处于输入状态，不执行下一条语句。

强调: scanf 语句的输入格式串中尽量不要出现格式字符以外的字符。

这种情况就是 scanf 的格式串中有其他的字符，但输入时没有与之对应出现的问题。

当输入的多个数据，其类型是整型、实型、字符串时，scanf 语句都可以比较好的工作。但当输入字符类型数据时，就容易出现问题了。

[例 2-7] 混合有字符型数据的多个数据输入。

```
#include <stdio.h>
int main()
{
   int x;
double y;
char c;
   scanf("%c",&c); //先输入字符
 scanf("%d%lf",&x,&y);  //输入 double 型数据使用%lf
   printf("%c,%d,%f",c,x,y);
```

```
}
```
程序执行结果:
K□3□5.23✓
K,3,5.230000

还可以换一种输入方法
K✓
3✓
5.23✓
K,3,5.230000

[例 2-8] 将例 2-7 中的两个 scanf 语句交换位置。

```
#include <stdio.h>
int main()
{
    int x;
double y;
char c;
 scanf("%d%lf",&x,&y);  //输入 double 型数据使用 %lf
    scanf("%c",&c);//后输入字符
    printf("%c,%d,%f",c,x,y);
}
```
程序执行结果:
3□5.23□K✓
□,3,5.230000
可以看到,c 中的结果是空格而不是 K。
换一种输入方法
3✓
5.23✓*注意这里: 当输入完 5.23 后回车, 还没有机会输入 K, 就结束了*
,3,5.230000

思考题 7

怎么样才能够知道例 2-8 中 c 到底输入的是什么值呢?

出现问题的原因是 %c 输入字符数据时会把数据之间的分割符当做字符数据输入,怎样解决这个问题? 解决办法就是: **使用空格符。**

[例 2-9] 解决字符输入问题。

```
#include <stdio.h>
int main()
{
    int x;
double y;
char c;
 scanf("%d%lf",&x,&y);     //
    scanf("%c",&c);         //注意这里 %c 前面有一个空格
    printf("%c,%d,%f",c,x,y);
}
```
程序执行结果:
3□5.23□K✓
K,3,5.230000

换一种输入方法

K↙

3↙

5.23↙

K,3,5.230000

这里的空格的作用就是将前面输入遗留下的分割符（空格、回车、**TAB**）抵消掉，这样后面的字符就可以被正常的输入了。

提　示

■ 使用 scanf 需要注意的问题。

1. 格式符之间最好什么都不要有。

2. 如果输入字符%c 的 scanf 不是第一个输入语句，在%c 前面加上空格。

3. scanf 语句中的格式说明如果有普通字符，在输入时必须按原样输入。（最好不要有）

2.7.2　printf()函数及输出格式控制

与格式化输入函数 scanf()相对应的是格式化输出函数 printf()，其功能是按控制字符串规定的格式，向缺省输出设备（一般为显示器）输出在输出项列表中列出的各输出项，其基本格式为

```
printf("控制字符串", 输出项列表);
```

输出项可以是常量、变量、表达式，其类型与个数必须与控制字符串中格式字符的类型、个数一致、当有多个输出项时，各项之间用逗号分隔。

控制字符串必须用双引号括起，由格式说明和普通字符两部分组成。

（1）格式说明。

一般格式为

%[<修饰符>]<格式字符>

格式字符规定了对应输出项的输出格式，常用格式字符如表 2-6 所示。

表 2-6　常用格式字符

格式字符	格式字符意义
d	按十进制整数输出
u	按无符号整数输出
f	按浮点型小数输出
c	按字符型输出
s	按字符串输出

修饰符是可选的，用于确定数据输出的宽度、精度、小数位数、对齐方式等，用于产生更规范整齐的输出，当没有修饰符时，以上各项按系统缺省设定显示。

（2）字段宽度修饰符。

表 2-7 列出了字段宽度修饰符。

表 2-7 字段宽度修饰符

修饰符格式	说明意义
m%md	以宽度 m 输出整型数，不足 m 时，左补空格
0m%0md	以宽度 m 输出整型数，不足 m 时，左补零
m，n%m.nf	以宽度 m 输出实型小数，小数位为 n 位
-m %-md	以宽度 m 输出整型数，不足 m 时，右补空格

例如：设 i=123，a=12.34567，则：

```
printf("%4d+++%5.2f", i, a);
```

输出：123+++12.35

```
printf("%2d+++%2.1f", i, a);
```

输出：123+++12.3

可以看出，当指定宽度小于数据的实际宽度时，对整数，按该数的实际宽度输出，对浮点数，相应小数位的数四舍五入。例如：12.34567 按%5.2f 输出，输出 12.35。若小于等于浮点数整数部分的宽度，则该浮点数按实际位数输出，但小数位数仍遵守宽度修饰符给出的值。如上面的 12.34567 按%2.1f 输出，结果为：12.3。

[例 2-10] 输入圆的半径 r 和圆柱高 h，求圆周长、圆面积、圆球表面积、圆球体积，圆柱体积。结果取小数点后 2 位数字。

```
#include <stdio.h>
int main ()
{
float h,r,l,s,sq,vq,vz;
float pi=3.141526;
//-------------------------------------------------------------
//注意下面的输入数据的形式，每个输入都有与之相配的提示，这样才是好的输入数据的形式
//   必须要考虑使用程序的用户的感受。
printf("请输入圆半径 r(0~100):");           //这里括号表示输入数据的范围，此为示例
scanf("%f",&r);                           //要求输入圆半径 r
printf("请输入圆柱高 h(0~300):");
scanf("%f",&h);                           //要求输入圆柱高 h
//-------------------------------------------------------------
l=2*pi*r;                                 //计算圆周长 l
s=r*r*pi;                                 //计算圆面积 s
sq=4*pi*r*r;                              //计算圆球表面积 sq
vq=3.0/4.0*pi*r*r*r;                      //计算圆球体积 vq
vz=pi*r*r*h;                              //计算圆柱体积 vz
printf("圆周长为：    l=%6.2f\n",l);
printf("圆面积为：    s=%6.2f\n",s);
printf("圆球表面积为：  sq=%6.2f\n",sq);
printf("圆球体积为：   v=%6.2f\n",vq);
printf("圆柱体积为：   vz=%6.2f\n",vz);
}
```

2.8 常用的数学函数

C 语言提供了几百个数学函数，这里介绍常用的 14 个函数。

int abs(int x)	求绝对值
doublefabs(double x)	求浮点数的绝对值
doublesin(double x)	求正弦(此处的 x 是弧度值，不是角度值)
doubleasin(double x)	求反正弦
doublecos(double x)	求余弦
doubleacos(double x)	求反余弦
doubletan(double x)	求正切
doubleatan(double x)	求反正切
doubleexp(double x)	求 e 的幂 e^x
doublelog(double x)	自然对数 $\ln x$
doublelog10(double x)	以 10 为底的自然对数 $\log_{10} x$
doublepow(double x,double y)	求幂 x^y
doublefloor(double x)	求不大于某值的最大整数（求下界）
doublesqrt(double x)	求平方根

[例 2-11] 测试数学函数。

```
#include <stdio.h>
#include <math.h>                    //注意使用数学函数，必须加入数学函数库的头文件
#define PI 3.1415926535              //定义一个
int main ( )
{
   int a,b;
   double x,y,z;
   printf("-3 的绝对值=%d\n",abs(-3));
   printf("-3.1234 的绝对值=%f\n",fabs(-3.1234));
   printf("π/2 的正弦值=%f\n",sin(PI/2));
   printf("1 的反正弦值=%f\n",asin(1));
   printf("π的余弦值=%f\n",cos(PI));
   printf("-1 的反余弦值=%f\n",acos(-1));
   printf("1 的正切值=%f\n",tan(1));
   printf("1 的反正弦值=%f\n",atan(1));
   printf("e 的 5 次幂=%f\n",exp(5));
   printf("ln10=%f\n",log(10));
   printf("以 10 为底，100 的对数=%f\n",log10(100));
   printf("2 的 3.5 次方=%f\n",pow(2,3.5));
   printf("不大于 2.8 的最大整数值=%f\n",floor(2.8));   //如果此处是-2.8，结果?
   printf("160 的平方根=%f\n",sqrt(160));
}
```

习　题

1. 求下面算术表达式的值。

（1）3.5+1/2+56%10。

（2）(a++ × 1/3)，　　　　　　　　　　设 a=2。

（3）(float)(a+b)/2+(int)x%(int)y，　　设 a=2,b=3,x=3.5,y=2.5。

（4）x=(x=y,x+5,x-5)，　　　　　　　　设 x=3,y=4。

2. 使用函数求解 1 的正弦值、2 的 4.5 次方、6 的平方根。

3. 请编程序将 "Hello" 译成密码，密码规律是：用原来的字母后面的第 4 个字母代替原来的字母。例如，字母 'H' 由字母 'L' 代替。因此，"Hello"应译为 "Lipps"。

4. 运行如下程序，分析运行结果。

```
#include <stdio.h>
int  main()
{ int a;
int b=-1;
  a=b;
  printf("%d",a);
}
```

5. 请编程序实现求解表达式 5.6+8.2 的结果(四舍五入)。

6. 由键盘输入华氏温度,求出摄氏温度。

公式:c=5/9(F-32)。

第 **3** 章　程序流程控制

通常的计算机程序总是由若干条语句组成，从执行方式上看，从第一条语句到最后一条语句完全按顺序执行，是简单的顺序结构；若在程序执行过程当中，根据用户的输入或中间结果去执行若干不同的任务则为选择结构；如果在程序的某处，需要根据某项条件重复地执行某项任务若干次，这就构成循环结构。大多数情况下，程序都不会是简单的顺序结构，而是顺序、选择、循环三种结构的复杂组合。

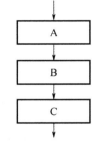

顺序结构是简单的线性结构，各框按顺序执行。其流程图的基本形态如图 3-1 所示，语句的执行顺序为：A→B→C。前面所学的程序都是顺序结构的。

图 3-1　顺序结构

本章主要讲述循环结构和选择结构。

3.1　循环控制语句(for 语句)

循环控制结构（又称重复结构）是程序中的另一个基本结构。在实际问题中，常常需要进行大量的重复处理，循环结构可以使我们只写很少的语句，而让计算机反复执行，从而完成大量**类似的有规律**的计算。

一般程序中的循环有**两种情况**：一种是明确循环次数的循环（比如从 1 加到 100），另一种是不明确循环次数的循环（比如在迷宫中找出口，只要没有找到就反复的搜索）。

我们首先学习第一种循环，明确循环次数的循环。这种循环使用 for 语句来完成。它的形式为

```
for(<循环控制变量赋初始值>; <是否达到终结条件>; <依据步长更新控制变量>)
{
    语句;    //循环体
}
```

明确循环次数的循环有三个重要的点：

（1）控制变量的初始化；

（2）循环的终结条件；

（3）循环控制变量的更新（步长），递增或递减。

执行过程如图 3-2 所示。

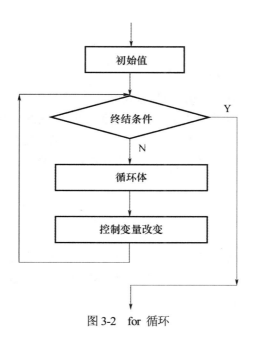

图 3-2　for 循环

注意：循环体不论有一条还是多条语句，都建议使用复合语句。

for 循环的其他形式是 C 语言中所独有的情况，建议谨慎使用。

下面通过例 1-1 的程序讲解 for 循环各部分的功能。

```c
#include <stdio.h>
int main()
{
    int i,sum=0;                    //累加器初始化 0
    //i 是循环控制变量，1 是初始值，100 是终结值，i=i+1 的 1 是增量步长。
    for(i=1;i<=100;i=i+1)
    {
        sum=sum+i;                  //此处为循环体，可以是一条或者多条语句。
    }
        printf("%d\n",sum);
}
```

🖐 **提　示**

■ **什么是复合语句？**

复合语句：用一对花括号{　}括起来的一条或多条语句就称之为复合语句，它在逻辑上被看作一条语句。形式如下：

```c
{
    语句 1;
    语句 2;
    ……
    语句 n;
}    //注意此处没有；号
```

提　示

■ 为什么循环体建议使用复合语句？

循环体部分建议使用复合语句，就算是在循环体只有一条语句的情况下。原因是编程过程中我们很难一开始就会把问题考虑得非常全面，所以一开始循环体可能只有一条语句，但随着编程的深入，可能需要扩展循环体，这时如果使用的是复合语句，就不会出现任何麻烦，如果不是而我们又忘记了修改原语句形式为复合语句，就会出现逻辑错误。

提　示

■ 什么是缩进格式？

简单讲就是只要在复合语句中，就要比复合语句外地语句右退 N 个空格或一个 TAB。应该从一开始就养成一个比较好的书写习惯，包括必要的注释、适当的空行以及缩排。

[例 3-1] 编程实现输出 6*6 方阵的 "#"。

```
#include <stdio.h>
int main()
{
    int i;
    for(i=1;i<=6;i++)              //这里 i 控制行，从 1 到 6，一共 6 行
    {
    printf("######\n");
    }
}
```

上面程序中每次循环输出 6 个 "#"，共循环 6 次。

[例 3-2] 将上面程序中每行输出的 "#" 也用 for 语句实现，只能使用 printf("#")。

```
#include <stdio.h>
int main()
{
    int i,j;
    for(i=1;i<=6;i++)              //这里 i 控制行，从 1 到 6，一共 6 行
    {
        for(j=1;j<=6;j++)         //这里 j 控制列，从 1 到 6，一共 6 列
        {
            printf("#");
        }
        printf("\n");             //注意此处的 \n，为什么加在这个地方？
    }
}
```

[例 3-3] 要打印九九乘法表，必须用两层循环分别来控制行和列，而且每一行的列数跟该行的行数有关系，即第 n 行上刚好有 n 列。

程序说明与解释如下。

```
#include <stdio.h>
```

```
int main()
{
    int i,j;
    for(i=1;i<=9;i++)
    {
        for(j=1;j<=i;j++)
        {
            printf("%d*%d=%-3d",i,j,i*j);
            // %-3d用来控制格式输出，%-3d和%3d有什么区别
        }
        printf("\n");//输出完一行即要回车一次
    }
}
```
程序执行：（略）。

思考题 1

编程实现输出平行四边形*的程序。即:

```
    * * * * *
   * * * * *
  * * * * *
 * * * * *
```

提　示

注意每一行的*前空格数与所处的行数的关系。

3.2　关系和逻辑运算符

关系运算符中的"关系"二字指的是一个值与另一个值之间的关系，逻辑运算符中的"逻辑"二字指的是连接关系的方式。因为关系和逻辑运算符常在一起使用，所以将它们放在一起讨论。如表 3-1 所列。

关系和逻辑运算符概念中的关键是 True（真）和 False（假）。C 语言中，对于单独的数据，**非 0 为真，0 为假**。使用关系或逻辑运算符的表达式对 False 和 True 分别返回值 0 和 1。

表 3-1　关系和逻辑运算符

关系运算符含义			
>	大于	<=	小于等于
>=	大于等于	==	等于
<	小于	! =	不等于

逻辑运算符含义

&& 与
|| 或
! 非

表 3-1 给出于关系和逻辑运算符，下面用 1 和 0 给出逻辑真值表（表 3-2）。

表 3-2　逻辑真值表

a	b	a&&b（与）	a||b（或）	!a（非）
0	0	0 假	0 假	1 真
0	1	0 假	1 真	1 真
1	1	1 真	1 真	0 假
1	0	0 假	1 真	0 假

　　关系和逻辑运算符的优先级比算术运算符低，例如：表达式 10>1+12 的计算可以等同于对表达式 10>(1+12)的计算，当然，该表达式的结果为 Flase。在一个表达式中允许各种运算的组合，示例如下。

10>5&&!(10<9)||3<=4

这一表达式的结果为 True。

下表给出了关系和逻辑运算符的相对优先级。

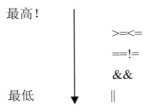

最高！

>=<=

==!=

&&

最低　　||

■ 如果记不清优先级关系怎么办？

使用括号。使用括号将自己编程时设想的优先级次序明确的表达出来，比依赖 C 语言自己的默认优先级来实现要好的多。好处如下。

1. 程序的可读性会提高。括号表达的优先级看起来要更加清晰。

2. 程序的移植性会提高，不同语言处理优先级时是不同的（比如 PASCAL 语言中逻辑运算符就比算数运算符优先），但所有语言处理括号的方式都是相同的。

■ 关系或逻辑表达式的结果是什么？

关系或逻辑表达式的结果是"真"或者"假"，但实际上它们的运算结果是 1 或者 0。"真"或者"假"只是我们赋予它们的意义而已，所以关系或逻辑表达式的结果也可以参与其他的运算。

3.3　条件控制语句(if 语句)

　　在程序的三种基本结构中，第三种即为选择结构，其基本特点是：程序的流程由多路分支组成，在程序的执行过程中，根据不同的情况，只有一条支路被选中执行，而其他分支上的语句被直接跳过。

3.3.1　if 语句

if 语句的两种基本形式。

首先，我们看一个例子，由此了解选择结构的意义及设计方法。

[例 3-4] 输入三个数，找出并打印其最小数。（参考例 1-6）

分析：设三个数为 A、B、C，由键盘读入，我们用一个变量 MIN 来标识最小数，A、B、C 与 MIN 皆定义为 int 型变量。每次比较两个数，首先比较 A 和 B，将小的一个赋给 MIN，再把第三个数 C 与 MIN 比较，再将小的一个赋给 MIN，则最后 MIN 即为 A、B、C 中最小数。算法如下。

（1）输入 A、B、C。

（2）将 A 与 B 中小的一个赋给 MIN。

（3）将 MIN 与 C 中小的一个赋给 MIN。

（4）输出 MIN。

将第（2）步细化为：若 A<B，则 MIN=A，否则：MIN=B；其流程图见图 3-3。

将第（3）步细化为：若 C<MIN，则 MIN=C；其流程图见图 3-4。

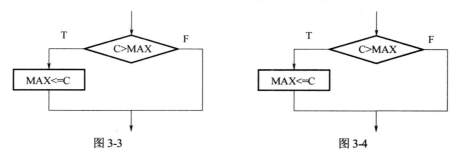

图 3-3　　　　　　　　　　　　　　　　图 3-4

对应图 3-3 和图 3-4，正是 if 语句的两种基本形式，与图 3-4 对应的 if 语句的格式如下。

```
if (表达式)      //一般为关系或逻辑表达式, 简称条件式
{
    语句;        //当条件式条件为真时执行, 为假时什么都不做。
}
```

与图 3-3 对应的 if 语句的格式如下。

```
if(表达式)      //一般为关系或逻辑表达式, 简称条件式
{
    语句 1;      //当条件式条件为真时执行
}
else
{
    语句 2;      //当条件式条件为假时执行, 无论如何, 语句 1 与语句 2 每次只能有一个被执行。
}
```

下面是[例 3-4]的源程序：

```
#include<stdio.h>
int main()
{
    int a,b,c,min;
    printf("请输入三个整数:");
```

```
    scanf("%d%d%d",&a,&b,&c);
    if(a<b)
    {
min=a;
    }
    else
    {
        min=b;
    }
    if(c<min)
{
    min=c;
    }
    printf("%d,%d,%d 中的最小数是:%d\n",a,b,c,min);
}
```

执行情况如下：

请输入三个整数:352↵

3,5,2 中的最小数是:2。

[例 3-5] 从键盘读入两个数 x、y，将大数存入 x，小数存入 y。

分析：x、y 从键盘读入，若 x>=y，只需顺序打出，否则，应将 x，y 中的数进行交换，然后输出。两数交换必须使用一个中间变量 t，定义三个整数 x、y、t。

算法：

（1）读入 x、y；

（2）大数存入 x，小数存入 y；

（3）输出 x、y。

第 2 步求精：

若 x<y，则交换 x 与 y；

再求精，x 与 y 交换的步骤：

① t=x；

② x=y；

③ y=t。

源程序代码如下：

```
#include<stdio.h>
int main()
{
    int   x,y,t;
    printf("输入两个整数 xy:");
    scanf("%d%d",&x,&y);
    printf("输入的数据 x=%d,y=%d\n",x,y);
    if(x<y)
    {                //以下的三条语句完成一个数据交换工作。
        t=x;
        x=y;
        y=t;
    }
    printf("结果:x=%d\ty=%d\n",x,y);
}
```

[例 3-6] 货物征税问题：所有货款中价格在 1 万元以上的部分征 5%，5000 元以上 1 万元以下部分的征 3%，1000 元以上 5000 以下的部分征 2%，1000 元以下的部分免税，读入货物价格，计算并输出税金。

分析：读入 price，计算 tax，这种办法应注意避免重复征税。假定货物的价格在 1 万元以上，征税应分段累计，各段采用不同税率进行征收。

算法：若 price>=10000

则 tax=0.05*（price-10000）；　price=10000；

否则，若 price>=5000

则 tax=0.03*(price-5000)+tax；　price=5000；

否则，若 price>=1000

则 tax=0.02*(price-1000)+tax；　price=1000。

程序如下：

```c
#include <stdio.h>
int main()
{
    float price,tax=0;
    printf("请输入货款:");
    scanf("%f",&price);
    if(price>=10000)
    {
        tax=0.05*(price-10000)+tax;
        price=10000;                 //此处是关键点，为什么这样做？
    }
    if(price>=5000)
    {
        tax=0.03*(price-5000)+tax;
        price=5000;                  //此处是关键点，为什么这样做？
    }
    if(price>=1000)
    {
        tax=0.02*(price-1000)+tax;
    }
    printf("你必须上缴税款%10.3f元\n ",tax);
}
```

运行程序：

请输入货款:15000

你必须上缴税款 480.000 元。

[例 3-7] 判断某一年是否是闰年，闰年的条件是符合下面两者之一：一是能被 4 整除，但不能被 100 整除；二是能被 4 整除，又能被 400 整除。

```c
#include<stdio.h>
int main()
{
    int leap=0,year=0;
    printf("pleas input a year\n");
```

```
    scanf("%d",&year);
    if (year%4==0)
      {
        if (year%100==0)
        {
          if(year%400==0)
          leap=1;
          else
          leap=0;}
        else
        leap=1;}
    else
    leap=0;
    if(leap)
    printf("%d is a leap year",year);
    else
    printf("%d isn't a leap year",year);
}
```

 提　示

■ **为什么条件语句中建议使用复合语句？**

原因同循环语句。

 提　示

■ **if 语句条件式中判断 a 与 b 相等，a=b 与 a==b 有什么不同？哪个正确？**

a=b 是赋值表达式（它的值是 a 的赋值结果），a= =b 是关系表达式（结果是 1 或 0）。

因为 C 语言的灵活性，条件式可以使用任何合法的表达式，所以使用任何一个都不会提示语法错误。但是逻辑上判断 a 与 b 相等必须使用 a= =b 的形式。

 思考题 2

输入一个整数，判断它是否等于 0，是则输出 Yes，否则输出 No。

判断条件分别使用 '='，'= =' 两种形式，并运行程序，分析使用 '=' 错误的原因。

3.3.2　if...else if 语句

实际应用中常常面对更多的选择，这时，将 if...else 扩展一下，就得到 if...else if 结构。

```
if (条件表达式 1)
{
    语句 1;
}
elseif (条件表达式 2)
{
    语句 2;
```

```
}
elseif(条件表达式3)
{
    语句3;
}
else
{
    语句4;
}
```

对应的流程图见图3-5。

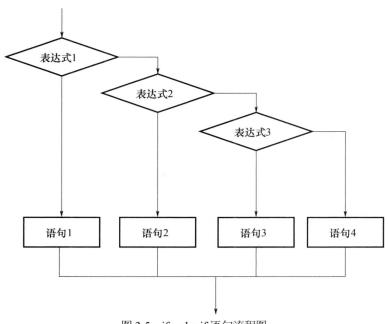

图 3-5 if…else if 语句流程图

[例 3-8] 要求按照考试成绩的等级输入百分制分数,将其转换成五个等级成绩输出。规定90 分（包含 90 分）以上输出"优秀"，80~90 分（包含 80 分）的输出"良好"，70~80 分（包括 70 分）的输出"中等"，60~70 分（包括 60 分）的输出"及格"，60 分以下的输出"不及格"。

分析：这是一个多分支选择结构的问题，用 if 语句实现多分支时可以用 if…else if…。

```c
#include <stdio.h>
int main()
{
    int score;
    printf("请输入百分制成绩（整数0~100）: ");
    scanf("%d",&score);
    if(score>=90)
    {
        printf("\n您的成绩是: \"优秀\"\n");
    }
    else if(score>=80)
    {
```

```
        printf("\n您的成绩是: \"良好\"\n");
    }
    else if(score>=70)
    {
        printf("\n您的成绩是: \"中等\"\n");
    }
    else if(score>=60)
    {
        printf("\n您的成绩是: \"及格\"\n");
    }
    else
    {
        printf("\n您的成绩是: \"不及格\"\n");
    }
}
```

运行程序：

请输入百分制成绩：95 ↵

您的成绩是："优秀"。

习　　题

1. 写出下面各逻辑表达式的值。设 a=5,b=6,c=7。

（1）a+b > c && b == c

（2）a || b+c && b-c

（3）!(a+b)+c-1 && b+c/2

2. 求 100~200 之间所有能被 3 和 5 整除的数之和。

3. 求 $\sum_{n=1}^{20} n!$（即求 1!+2!+3!+…+20!）。

4. 打印九九乘法表。

5. 输入一整数，判断是奇数还是偶数。若是奇数，输出 Is odd；若是偶数，输出 Is even。

6. 有一个分数序列 $\frac{2}{1}$, $\frac{3}{2}$, $\frac{5}{3}$, $\frac{8}{5}$, $\frac{13}{8}$, …求出这个数列的前 15 项之和。

7. 猴子吃桃问题。猴子第 1 天摘下若干个桃子，当即吃了一半，还不过瘾，又多吃了一个。第 2 天早上又将剩下的桃子吃掉一半，又多吃了一个。以后每天早上都吃了前一天剩下的一半零一个。到第 10 天想再吃时，就只剩下一个桃子了。求第 1 天共摘多少个桃子。

8. 输出所有的"水仙花数"，所谓"水仙花数"是指一个 3 位数，其各位数字立方和等于该数本身例如：153 是一个水仙花数，因为 $153=1^3+5^3+3^3$。

9. 输出以下图案：

```
   *
  ***
 *****
*******
```

```
*****
 ***
  *
```

10. 小球下落问题: 一个小球从 100 米高度自由下落, 每次落地后反跳回原来高度的一半, 再下落, 求它在第十次下落时, 共经过多少米, 第十次反弹多高?

第4章 调试程序

C 语言程序的调试主要是为了排除程序的逻辑错误，在程序运行的结果与预期的结果不一致的情况下进行。

任何程序都可以归结为数据运算和流程控制两个部分。所以调试程序的目标也是两个：

一是监视变量的值，看它是不是得到预期的值；

二是监控程序的流向，看它是不是进入预期的流程。

我们以[例 1-1]从 1 加到 100 的程序为例。

第一步，打开 Visual C++6.0，打开 test.cpp。

第二步，把光标移到"sum=0；"这一行，按工具栏中的手型图标 ✋。

它的作用是设一个**断点**，程序运行到这里时，会停下来。也就是说，接下来，程序必须通过按 F10 键单步运行了。

第三步：按 F5 键（开始调试）（图 4-1）。

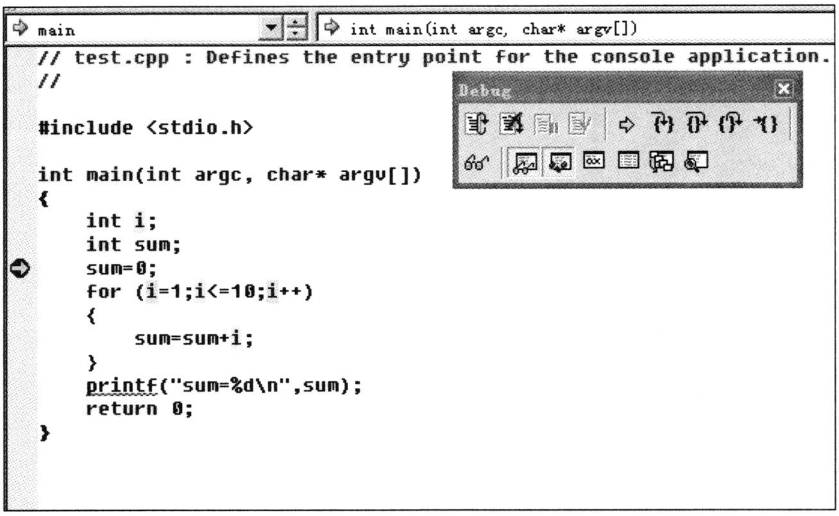

图 4-1　调试图 1

我们发现有一箭头停留在这句语句上，它指示程序停留的位置，而箭头所在的语句（"sum=0；"）还没有执行。事实上，我们可以通过看一下内存变量 sum 的内容来验证。

方法是这样的：

我们可以打开 auto 变量窗口,系统会自动地将断点周围的变量加载到这个位置,在运行过程中我们可以观察变量值的变化,了解每一步执行结果;还有一种方法是将要观察的变量选中,拖至 watch 变量窗口中,这样在 watch 窗口中就可以观察改变量值的变化。如图 4-2 所示。

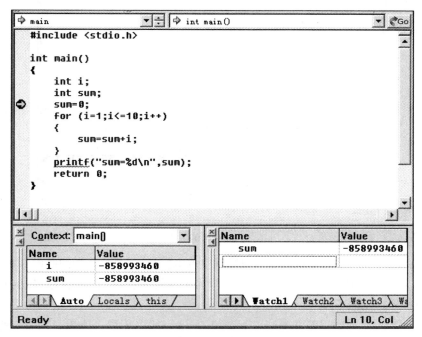

图 4-2　调试图 2

第四步,我们按一下 F10 键（进入）,我们发现 sum 的内容变为 0 了。这说明"sum=0;"这句语句被执行了（图 4-3）。

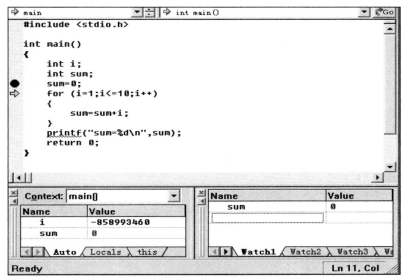

图 4-3　调试图 3

我们还可以用同样的方法看一下 i 的内容（图 4-4）。

将 i 拖至 watch 窗口中。

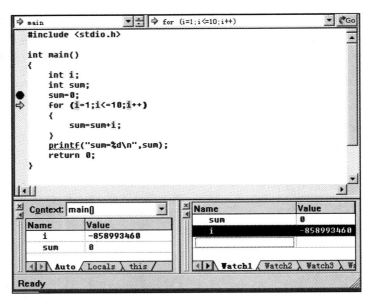

图 4-4　调试图 4

第五步，一步一步地按 F10，我们可以发现在单步执行 for 循环语句的时候 i 和 sum 的内容在不断变化。当退出循环时，我们发现 i 的内容为 11（因为变量 i 的内容为 11,i<=10 这个条件不满足,所以程序退出循环）。

附带提一下，当程序已经执行了"sum=0；"这一句语句后，如果我们直接把光标移到"printf("sum=%d",sum);"，然后按 **Ctrl+ F10**，我们可以直接把上面的 for 循环都执行了，而不必一步一步地按 F10。在实践中，为了查找程序的逻辑错误，我们往往要单步运行该程序好几遍。如果已经通过单步调试验证某一段语句（如一个 for 循环语句或者几个用户定义的函数）正确了，我们就可以用 Ctrl+ F10 跳过这段语句，直接运行到还未测试的语句（图 4-5）。

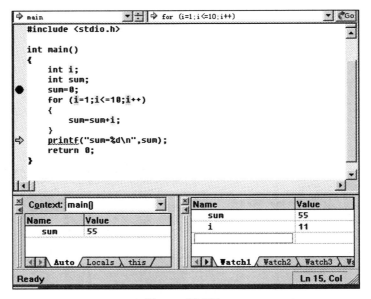

图 4-5　调试图 5

习　题

1. 请挑选两个自己做过的思考题进行调试程序实验。

2. 读下面的程序，写出它的功能是什么？是否能够正确执行，如果不可以，调试程序，找出错误。

```
#include<stdio.h>
int main()
{
    int i,sum;
    for(i=1;i<=100;i++)
        sum=sum+i;
     printf("sum=%d\n",sum);
}
```

第 5 章　实战练习—穷举法

穷举算法属于算法中比较简单的算法，它充分利用了计算机快速计算的能力，理论上来讲，它可以解决任何问题（实际因为计算问题的复杂性，穷举算法只能解决相对简单的问题）。穷举算法也叫做枚举算法，它的思路就是列举出所有可能的情况，逐个判断有哪些是符合问题所要求的条件，从而得到问题的解答。设计穷举法的关键是如何列举所有可能的情况，绝对不能遗漏，最好不要重复。

穷举算法解决问题的步骤是：

（1）列出所有需要枚举的量，设计变量，找出所有枚举量的取值范围（关键点）；

（2）对每个枚举量用一个循环实现，枚举量之间用循环嵌套结构实现；

（3）写出符合问题解的条件（做一个筛子）（关键点）；

（4）找出符合问题解的答案输出（漏过筛子的就是解）。

穷举算法程序的优化如下。

在穷举时，"枚举量的取值范围"所包含的范围可能很广，如果不加以限制可能会白白耗费计算机的运行时间。所以穷举算法优化的关键就是缩小枚举量的搜索范围，以达到减少程序运行时间的目的。

5.1　穷举法—计算类问题

[例 5-1] 中国古代数学家张丘建在他的《算经》中提出了著名的"百钱买百鸡问题"：鸡翁一，值钱五，鸡母一，值钱三，鸡雏三，值钱一，百钱买百鸡，问翁、母、雏各几何？

算法分析：首先确定变量，设鸡翁、鸡母、鸡雏的个数分别为 x，y，z，接着是数据范围，题意给定共 100 钱要买百鸡，若全买公鸡最多买 20 只，显然 x 的值在 0~20 之间；同理，y 的取值范围在 0~33 之间，鸡雏个数不可能超过 100,0~100 之间。根据条件可得到下面的不定方程：

$$5*x+3*y+z/3==100$$

所以此问题可归结为求这个不定方程的整数解。

由程序设计实现不定方程的求解与手工计算不同。在分析确定方程中未知数变化范围的前提下，可通过对未知数可变范围的穷举，验证方程在什么情况下成立，从而得到相应的解。

```
#include<stdio.h>
int main( )
```

```
{
    int x,y,z,j=0;
    printf("列出百鸡百钱问题的所有解: \n");
for(x=0;x<=100;x++)                         //外层循环控制鸡翁数
    {
        for(y=0;y<=100;y++)                 //内层循环控制鸡母数 y 在 0~33 变化
        {
            for(z=0;z<=100;z++)
            {
//验证得到一组解的合理性，买小鸡必须满足是 3 的倍数。
                if((z%3==0)&&(5*x+3*y+z/3==100)&&(x+y+z==100))
                {
                printf("%2d:公鸡=%2d 母鸡=%2d 小鸡=%2d\n",++j,x,y,z);
                }
            }
        }
    }
}
```

算法优化：在上面的程序中，验证合理性的判断语句要运行 101*101*101=1030301 次。有没有办法优化呢。由 x+y+z=100 可知，在 x,y 确定后，可以直接定出 z 的值。这样判断语句只需要执行 21*101=2121 次。

优化后的程序如下：

```
#include<stdio.h>
int main()
{
 int x,y,z,j=0;
 printf("列出百鸡百钱问题的所有解: \n");
 for(x=0;x<=20;x++)                         //外层循环控制鸡翁数
    {
    for(y=0;y<=33;y++)                      //内层循环控制鸡母数 y 在 0~33 变化
    {
    z=100-x-y;                              //内外层循环控制下，鸡雏数 z 的值受 x,y 的值的制约
                                            //验证取 z 值的合理性及得到一组解的合理性
      if((z%3==0)&&(5*x+3*y+z/3==100))
    {
printf("%2d:公鸡=%2d 母鸡=%2d 小鸡=%2d\n",++j,x,y,z);
    }
    }
    }
}
```

[例 5-2] 36 盒货物，36 人搬。男搬 4，女搬 3，两个小孩抬一盒。要求一次全搬完。问需男、女、小孩各若干？

分析：题目要我们找出符合条件的男生、女生和小孩的人数。答案显然是一组数据。首先分析一下问题所涉及的情况。对于男生来说，至少要有一人；每个男生可以搬 4 盒货物，那么 36 盒货物最多 9 个男生足够，共有 9 种不同取值。同样，女生有 12 种不同取值。两个

小孩抬一盒货物，至少要有两个小孩，最多 36 个，并且小孩的人数必须是个偶数，所以小孩的人数可以取 18 种不同的值。最坏情况下，男生、女生和小孩的人数可以是 9 × 12 × 18 ＝ 1944 种不同组合。

假设男生人数为 x ，女生人数为 y ，小孩人数为 z 。可以构建这样一个三重循环

```
for(x=1;x<=9;x++)
{
    for(y=1;y<=12;y++)
    {
        for(z=2;z<=36;z=z+2)
        {
        }
    }
}
```

理论上这个循环的循环体将执行 1944 次，我们可以用它来对问题所涉及的 1944 种不同情况逐个进行检查。

分析完问题所涉及的情况后，第二步就要看看答案需要满足什么条件。仔细阅读一下题目，我们就会发现，答案 x 、 y 、 z 的值必须要同时满足两个条件：①总的工作量是 36 盒货物，即： 4x+3y+z/2=36 ；②需要的总人数是 36 人，即： x+y+z=36 。把它描述出来就是：4x+3y+z/2=36 and x+y+z=36 。满足这个条件的 x 、 y 、 z 的值就是问题的答案。我们可以在循环体里面对这个条件进行判断，看它是否满足，若满足，就把答案输出来。源程序如下：

```
#include<stdio.h>
int main()
{
    int x,y,z;
    for(x=1;x<=9;x++)
    {
        for(y=1;y<=12;y++)
        {
            for(z=2;z<=36;z=z+2)
            {
                if(4*x+3*y+z/2==36&x+y+z==36)
                {
                    printf("%d个男人，%d个女人，%d个小孩\n",x,y,z);
                }
            }
        }
    }
}
```

思考题 1

陈婷 E-MAIL 邮箱的密码是一个 5 位数。但因为有一段日子没有打开这个邮箱了，陈婷把这个密码给忘了。不过陈婷自己是 8 月 1 日出生，她妈妈的生日是 9 月 1 日，她特别喜欢把同时是 81 和 91 的倍数用作密码。陈婷还记得这个密码的中间一位(百位数)是 1。你能设计一个程序帮她找回这个密码吗？

提　示

把每个位设为变量。

思考题 2

有三个学生想给老师打电话，但只记得七位的电话号码的前 3 个数字为 818，后 4 位数字记不清了。一个学生说，他记得这后 4 位数字中的前两个数字相同；另一个学生说，他记得后 2 位数字也相同；最后一个学生说他记得后 4 位数字正好是一个完全平方数，请确定这个老师的电话号码。

思考题 3

百马百担问题。有 100 匹马，驮 100 担货；大马驮 3 担，中马驮 2 担，两匹小马驮 1 担，问有大、中、小马各多少？

5.2　穷举法—排列组合类问题

排列组合问题是数学中一类非常常见的问题。这类问题一般要求我们要列出所有的排列、组合，并求出排列组合的数量来。 数学中排列与组合数的公式是：

P(n,m)=m!/(m-n)!

C(n,m)=m!/n!*(m-n)!

[例 5-3] 有 4 个不同的袋子，有 4 个不同颜色的球，分别是红球、黄球、绿球、白球。要求打印出球放到袋子里的所有排列情况。

这是一个典型的排列问题。实质是要对 4 个球进行全排列。

首先设置变量，在这里设置袋子是变量，分别为 a1、a2、a3、a4；

接着看变量的取值范围，这里取值范围是"红球、黄球、绿球、白球"，但是它们没有办法赋值，我们可以设"红球、黄球、绿球、白球"分别为 1、2、3、4（**关键点**）。

条件是：两个袋子不能够装入相同的球。

```c
#include <stdio.h>
int main()
{
    int a1,a2,a3,a4;
    int i,count;
    count=1;                    //计数器初始化
    for(a1=1;a1<=4;a1++)
    {
        for(a2=1;a2<=4;a2++)
        {
            for(a3=1;a3<=4;a3++)
            {
                for(a4=1;a4<=4;a4++)
```

```
                {
                    if( (a1!=a2)&&(a1!=a3)&&(a1!=a4)&&(a2!=a3)&&(a2!=a4)&&(a3!=a4) )
                    {
                        printf("第%d种方式\n",count);
                        count++;                    //计数器+1
                        printf("%d,%d,%d,%d\n",a1,a2,a3,a4);
                    }
                }
            }
        }
    }
}
```

思考题 4

如果[例 5-2]中改为有 3 个不同的袋子，有 5 个不同颜色的球，分别是红球、黄球、绿球、白球、粉球。要求打印出球放到袋子里的所有排列情况。

思考题 5

题目：有 1、2、3、4 个数字，能组成多少个互不相同且无重复数字的三位数？都是多少？

组合问题：

[例 5-4] 有 5 个不同颜色的球，分别是红球、黄球、绿球、白球、粉球，任意取 3 个，问有多少种不同的取法，并打印出所有的取法。这是一个典型的组合问题。

首先设置变量，5 个取 3 个，这里可以假定有 3 个容器，把它设为变量，分别为 a1、a2、a3；

接着看变量的取值范围，这里取值范围 5 种颜色，设为 1、2、3、4、5。

条件是：同一种 3 球取法只能出现一次（交换次序不算）。

```
#include <stdio.h>
int main()
{
    int a1,a2,a3,a4;
    int i,count;
    count=1;                                //计数器初始化
    for(a1=1;a1<=5;a1++)
    {
//a1盒子已经出现过1后，a2盒子只能从a1盒子的下一个可能的颜色入手。(关键点)
        for(a2=a1+1;a2<=5;a2++)
    {
            for(a3=a2+1;a3<=5;a3++)
            {
                printf("第%d种方式\n",count);
                count++;                    //计数器+1
                printf("%d,%d,%d\n",a1,a2,a3);
            }
```

```
        }
      }
    }
```

思考题 6

如果例 5-3 中改为有 3 个不同的袋子，有 5 个不同颜色的球，分别是红球、黄球、绿球、白球、粉球。要求打印出球放到袋子里的所有排列情况。

5.3 穷举法—图形类问题

八皇后问题：在一个 8×8 国际象棋盘上，有 8 个皇后，每个皇后占一格；要求皇后间不会出现相互"攻击"的现象，即不能有两个皇后处在同一行、同一列或同一对角线上。问共有多少种不同的方法 。

图形类问题的难点在于：如何把图像的内容表达到计算机中，需要对图像问题进行抽象分析，把图像问题抽象成数值问题。

对于八皇后问题，难点在于：

（1）如何表达棋子在棋盘中的位置；

（2）如何表达棋子之间的互斥关系。

因为八皇后问题相对复杂，下面用简化版的四皇后问题来说明。

[例 5-5] 简化为下面的四皇后问题：在 4×4 的棋盘上，有 4 个皇后，每个皇后占一格；要求皇后间不会出现相互"攻击"的现象，即不能有两个皇后处在同一行、同一列或同一对角线上。问共有多少种不同的方法。

（1）如何表达棋子在棋盘中的位置。

设每一行一个变量，a1,a2,a3,a4 (表示行)。

它们的取值范围是 1，2，3，4（值表示列）。

a1=3 表示在第一行，第三列放一颗皇后。

（2）如何表达棋子之间的互斥关系。

第一个条件：棋子不能在同一行。

因为行是用不同变量表示的，同一个变量只能有一个值，所以不可能在同一行。

第二个条件：棋子不能在同一列。

只要 a1,a2,a3,a4 的值不同，就表达了不在同一列。

第三个条件：棋子不能在同一对角线上。

该条件将在处理完前两个条件之后再进行分析

首先处理前两个条件，代码如下。

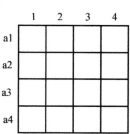

```c
#include <stdio.h>
int main()
{
    int a1,a2,a3,a4;
    int i,count;
    count=1;
```

```
for(a1=1;a1<=4;a1++)
{
    for(a2=1;a2<=4;a2++)
    {
        for(a3=1;a3<=4;a3++)
        {
            for(a4=1;a4<=4;a4++)
            {
                if( (a1!=a2)&&(a1!=a3)&&(a1!=a4)&&(a2!=a3)&&(a2!=a4)&&(a3!=a4) )
//不在同一列上
                {
                    printf("第%d种方式\n",count);
                    count++;
                    printf("%d%d%d%d\n",a1,a2,a3,a4);
                }
            }
        }
    }
}
```

这是考虑了第一、第二个条件的程序，输出的结果可以看到不是很直观。

我们把输出语句 printf("%d%d%d%d\n",a1,a2,a3,a4);修改为以下段落。

```
for(i=1;i<=4;i++)
{
    if(i==a1)
    {
        printf("■ ");
    }
    else
    {
        printf("□ ");
    }
}
printf("\n");
```

a2,a3,a4 同样处理。

再次输出。可以看到结果如下：

□ ■ □ □

□ □ □ ■

■ □ □ □

□ □ ■ □

考虑到条件三：棋子不能在同一对角线上。

在现有的条件下，怎么判断棋子不能在同一对角线上呢？

如果 a1 与 a2 在同一条对角线上，它们的值有什么特点呢？它们差值的绝对值是 1。

如果 a1 与 a3 在同一条对角线上，它们的值有什么特点呢？它们差值的绝对值是 2。

如果 a1 与 a4 在同一条对角线上，它们的值有什么特点呢？它们差值的绝对值是 3。

如果 a2 与 a3 在同一条对角线上，它们的值有什么特点呢？它们差值的绝对值是 1。

如果 a2 与 a4 在同一条对角线上，它们的值有什么特点呢？它们差值的绝对值是 2。

如果 a3 与 a4 在同一条对角线上，它们的值有什么特点呢？它们差值的绝对值是 1。

这样再增加相应的判断条件：

(abs(a1-a2)!=1)　&&(abs(a1-a3)!=2)　&&(abs(a1-a4)!=3)　&&　(abs(a2-a3)!=1)　&& (abs(a2-a4)!=2) && (abs(a3-a4)!=1)

最终的程序如下：

```c
#include <stdio.h>
#include<stdlib.h>
#include <math.h>
int main()
{
    int a1,a2,a3,a4;
    int i,count;
    count=1;

    for(a1=1;a1<=4;a1++)
    {
        for(a2=1;a2<=4;a2++)
        {
            for(a3=1;a3<=4;a3++)
            {
                for(a4=1;a4<=4;a4++)
                {
                    if( (a1!=a2)&&(a1!=a3)&&(a1!=a4)&&(a2!=a3)&&(a2!=a4)&&(a3!=a4)
                    &&(abs(a1-a2)!=1)   &&(abs(a1-a3)!=2)   &&(abs(a1-a4)!=3)   &&
(abs(a2-a3)!=1) && (abs(a2-a4)!=2) && (abs(a3-a4)!=1)
                    )
                    {
                        printf("第%d种方式\n",count);
                        count++;
                        for(i=1;i<=4;i++)
                        {
                            if(i==a1)
                            {
                                printf("■ ");
                            }
                            else
                            {
                                printf("□ ");
                            }
                        }
                        printf("\n");

                        for(i=1;i<=4;i++)
```

```
                {
                    if(i==a2)
                    {
                        printf("■");
                    }
                    else
                    {
                        printf("□");
                    }
                }
                printf("\n");

                for(i=1;i<=4;i++)
                {
                    if(i==a3)
                    {
                        printf("■");
                    }
                    else
                    {
                        printf("□");
                    }
                }
                printf("\n");

                for(i=1;i<=4;i++)
                {
                    if(i==a4)
                    {
                        printf("■");
                    }
                    else
                    {
                        printf("□");
                    }
                }
                printf("\n");
                printf("--------------------------\n");
            }
        }
    }
}
```

思考题 7

求解八皇后问题。

5.4 穷举法—逻辑推理类问题

[例 5-6] 某侦察队接到一项紧急任务,要求在 A、B、C、D、E、F 6 个队员中尽可能多地挑若干人,但有以下限制条件:

(1) A 和 B 两人中至少去一人;

(2) A 和 D 不能一起去;

(3) A、E 和 F 三人中要派两人去;

(4) B 和 C 都去或都不去;

(5) C 和 D 两人中去一个;

(6) 若 D 不去,则 E 也不去。

问应当让哪几个人去?

解决这类逻辑推理题目需要用判断推理的方法。该方法一般要使用穷举的策略,将每种可能的情形一一列举出来,利用题目所给定的命题条件作为解题的线索,通过验证各种可能情况下题目所给出的条件是否成立来寻找问题的答案。在解决这类问题时要注意以下几个关键点:

在求解逻辑推理问题时,如何设置推理变量,设置多少推理变量,怎么确定推理变量的值域范围,这些往往是问题的难点。

推理变量的设定因题而异,具体问题要具体分析。但总的原则是:

(1) 设定的推理变量应该能够覆盖题目所有可能的情形;

(2) 推理变量应该能够表达出题目所蕴含的所有的条件,包括显式条件和隐式条件;

(3) 如果题目采用穷举策略,大多数情况下,推理变量和穷举变量是一致的;

(4) 一般而言,一道逻辑推理题的推理变量的设定并非只有一种方案,有时可以有几种不同的设定方法,不同的推理变量对解题的算法思路与运行效率产生完全不同的影响。好的推理变量的设定会大大提高解题效率。

问题分析与算法设计如下。

(1) 用 a、b、c、d、e、f 6 个变量表示六个人是否去执行任务的状态,变量的值为 1,则表示该人去;变量的值为 0,则表示该人不参加执行任务。

(2) 根据题意罗列出题目包含的所有条件命题,并转化为算法能够识别的表达式。从题目中可以直接找到以下 6 个条件。

A 和 B 两人中至少去一人:a+b>1

A 和 D 不能一起去:a+d!=2

A、E、F 三人中要派两人去:a+e+f==2

B 和 C 都去或都不去:b+c==0 或 b+c=2

C 和 D 两人中去一个:c+d==1

若 D 不去,则 E 也不去(都不去;或 D 去 E 随便):d+e==0 或 d==1

上述各表达式之间的关系为"与"关系,使上述表达式均为"真"的情况就是正确的结果。

(3) 使用穷举策略,使穷举变量 a、b、c、d、e、f 穷尽 0 和 1 的所有可能,构造循环结构,并在循环体内检验所有的约束条件是否成立,找出使逻辑命题成立的解空间(a、b、c、d、e、f)。

(4) 将解空间(a、b、c、d、e、f)的值映射为该人"去"还是"不去"。显示出类似于"某人去"或"某人不去"的信息。

源程序：

```
#include<stdio.h>
int main()
{
    int a,b,c,d,e,f;
    for(a=1;a>=0;a--)              /*穷举每个人是否去的所有情况*/
    {
        for(b=1;b>=0;b--)   /*1:去  0:不去*/
        {
            for(c=1;c>=0;c--)
            {
                for(d=1;d>=0;d--)
                {
                    for(e=1;e>=0;e--)
                    {
                        for(f=1;f>=0;f--)
                        {
                            if(a+b>=1&&a+d!=2&&a+e+f==2
&&(b+c==0||b+c==2)&&c+d==1
&&(d+e==0||d==1))
                            {
                                printf("A%s去 \n",a?"":"不");
                                printf("B%s去 \n",b?"":"不");
                                printf("C%s去 \n",c?"":"不");
                                printf("D%s去 \n",d?"":"不");
                                printf("E%s去 \n",e?"":"不");
                                printf("F%s去 \n",f?"":"不");
                            }
                        }
                    }
                }
            }
        }
    }
}
```

运行结果：

A 去；

B 去；

C 去；

D 不去；

E 不去；

F 去。

提　示

■ 三元运算符：? 的使用

三元运算符：? 的一般形式为

表达式 1? 表达式 2：表达式 3

执行流程为：表达式 1 成立，整个表达式的值为表达式 2 的值，表达式 1 不成立，整个表达式的值为表达 3 的值。

■ %s 的使用方法

%s 表示以字符串形式输出，上例中%s 表示"空字符"或"不"。

[例 5-7] 谁是凶手。一谋杀案件有 4 个嫌疑人甲、乙、丙、丁，警官在审讯时问了这 4 个嫌疑人一个问题："5 月 18 日下午 15:00 至 16:00 谁离开过办公室？"

甲说：不是我；

乙说：是丙；

丙说：是丁；

丁说：不是我。

通过调查警官发现，以上 4 个人有一个人在说谎，而说谎的人就是凶手。请编写程序根据题目给出的情况找出凶手。

问题分析与算法设计如下。

用 1、2、3、4 分别表示甲、乙、丙、丁四个人，用 i 表示离开办公室的人，则他们说的话表示为

甲说：i!=1

乙说：i=3

丙说：i=4

丁说：i!=4

由于离开办公室的人(i)肯定是甲、乙、丙、丁中的一个，就让 i 从 1 至 4，一个个的测试。用 k 统计说真话的人数，由于只有一人说假话，所以当 k==3 时，i 的值即为离开办公室的人。

源程序：

```c
#include <stdio.h>
int main()
{
int i,k;
for(i=1;i<=4;i++)
 {
  int k=0;  //表示说真话人的数量
  if(i!=1)  k=k+1;
  if(i==3)  k=k+1;
  if(i==4)  k=k+1;
  if(i!=4)  k=k+1;
  if(k==3)  //判断是否是 3 个人说真话。
  {
//将 i 的值（1、2、3、4）转换为甲、乙、丙、丁
    if(i==1)
    {
     printf("凶手是甲\n");
    }
    if(i==2)
```

```
          {
            printf("凶手是乙\n");
          }
          if(i==3)
          {
            printf("凶手是丙\n");
          }
          if(i==4)
      {
            printf("凶手是丁\n");
          }
        }
      }
    }
```

思考题 8

有 A、B、C、D、E 5 人，每人额头上都帖了一张黑或白的纸。5 人对坐，每人都可以看到其他人额头上的纸的颜色。5 人相互观察后，

A 说："我看见有 3 人额头上帖的是白纸，一人额头上帖的是黑纸。"

B 说："我看见其他 4 人额头上帖的都是黑纸。"

C 说："我看见一人额头上帖的是白纸，其他 3 人额头上帖的是黑纸。"

D 说："我看见 4 人额头上帖的都是白纸。"

E 什么也没说。

现在已知额头上帖黑纸的人说的都是谎话，额头帖白纸的人说的都是实话。问这 5 人谁的额头是帖白纸，谁的额头是帖黑纸？

思考题 9

新郎与新娘

3 对情侣参加婚礼，3 个新郎为 A、B、C，三个新娘为 X、Y、Z。有人不知道谁和谁结婚，于是询问了 6 位新人中的 3 位，但听到的回答是这样的：A 说他将和 X 结婚；X 说她的未婚夫是 C；C 说他将和 Z 结婚。这人听后知道他们在开玩笑，全是假话。请编程找出谁将和谁结婚。

思考题 10

谁在说谎

张三说李四在说谎，李四说王五在说谎，王五说张三和李四都在说谎。现在问：这 3 人中到底谁说的是真话，谁说的是假话？

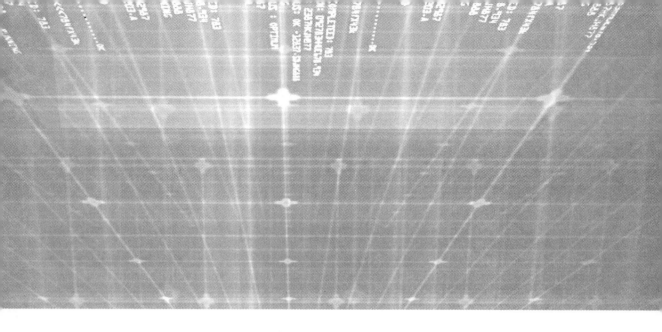

第二篇　提高篇

第6章 选择结构和循环结构的其他形式

6.1 用 switch 语句实现多分支选择结构

if 语句只能处理从两者间选择之一，当要实现几种可能之一时，就要用 if...else if 或者用多重的嵌套 if 来实现，当分支较多时，程序变得复杂冗长，可读性降低。C 语言提供了 switch 开关语句专门处理多路分支的情形，使程序变得简洁。

switch 语句的一般格式如下。

switch<表达式>

case 常量表达式 1：语句序列 1；break;

case 常量表达式 2：语句序列 2；break;

……

case 常量表达式 n:语句 n;break;

default:语句 n+1;

其中常量表达式的值必须是整型，字符型或者枚举类型，各语句序列允许有多条语句，不需要按复合语句处理，若语句序列 i 为空，则对应的 break 语句可去掉。图 6-1 是 switch 语句的流程图。

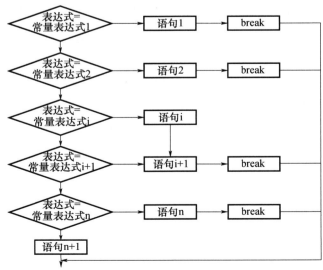

图 6-1　switch 语句的流程图

[例 6-1] 要求按照考试成绩的等级输入百分制分数,将其转换成五个等级成绩输出。规定 90 分（包含 90 分）以上输出"A"，80~90 分（包含 80 分）的输出"B"，70~80 分（包括 70 分）的输出"C"，60~70 分（包括 60 分）的输出"D"，60 分以下的输出"E"，用 switch 实现。

算法分析：要用 switch 实现该功能，必须将百分制的不同数据段转化成整型，然后通过判断整型的值确定该成绩所对应的五分制的值。

注意：要在每个 case 语句执行完成以后加 break 语句。

```c
#include <stdio.h>
int main()
{
    int score,i;
    printf("请输入百分制成绩（整数 0~100）: ");
    scanf("%d",&score);
    i=score/10;
    switch(i)
    {
        case 10:printf("\n您的成绩是: \"A\"\n");break;
        case 9:printf("\n您的成绩是: \"A\"\n");break;
        case 8:printf("\n您的成绩是: \"B\"\n");break;
        case 7:printf("\n您的成绩是: \"C\"\n");break;
        case 6:printf("\n您的成绩是: \"D\"\n");break;
        case 5:printf("\n您的成绩是: \"E\"\n");break;
        case 4:printf("\n您的成绩是: \"E\"\n");break;
        case 3:printf("\n您的成绩是: \"E\"\n");break;
        case 2:printf("\n您的成绩是: \"E\"\n");break;
        case 1:printf("\n您的成绩是: \"E\"\n");break;
      case 0:printf("\n您的成绩是: \"E\"\n");break;
        default:printf("\n 您输入的成绩有误! ");
    }
}
```

思考题 1

编程实现去掉上面程序的 break 语句，会出现什么样的结果，思考为什么会出现这样的结果。

仔细观察上面的程序可以发现，i 的值为 10 和 9 时执行的是同样的语句，i 的值为 5、4、3、2、1、0 时执行的也是同样的语句，如何将这些相同的语句合并成一条语句呢？

如果 switch 表达式的多个值都需要执行相同的语句，可以采用下面的格式：

```c
switch(i)
{
    case1:
    case2:
    case3:语句 1; break;
    case4:
    case5:语句 2; break;
```

```
        default:语句 3;
    }
```

当整型变量 i 的值为 1、2 或 3 时，执行语句 1，当 i 的值为 4 或 5 时，执行语句 2，否则，执行语句 3。

[例 6-2] 将例 6-1 中 switch 语句中相同的语句合并。

```
#include <stdio.h>
int main()
{
    int score,i;
    printf("请输入百分制成绩（整数 0~100）: ");
    scanf("%d",&score);
    i=score/10;
    switch(i)
    {
        case 10:
        case 9:printf("\n您的成绩是: \"A\"\n");break;
        case 8:printf("\n您的成绩是: \"B\"\n");break;
        case 7:printf("\n您的成绩是: \"C\"\n");break;
        case 6:printf("\n您的成绩是: \"D\"\n");break;
        case 5:
        case 4:
        case 3:
        case 2:
        case 1:
        case 0:printf("\n您的成绩是: \"E\"\n");break;
        default:printf("\n您输入的成绩有误! ");
    }
}
```

6.2 循环的其他形式和循环控制语句

在基础篇中学习了 for 循环语句，C 语言还提供了两种重要的循环语句 while 和 do…while。其实 for 语句和 while、do…while 语句之间是可以互相替换的，但是一般情况下，for 语句主要解决知道循环次数的情况，而 while 和 do…while 语句主要解决不知道循环次数的情况。本节课主要学习 while 和 do…while 语句。

6.2.1 while 语句

while 语句是当型循环控制语句，一般形式为

```
while (表达式)
{
    语句;
}
```

语句部分称为循环体，当需要执行多条语句时，应使用复合语句。while 语句的流程图见图 6-2，其特点是先判断，后执行，若条件不成立，有可能一次也不执行。

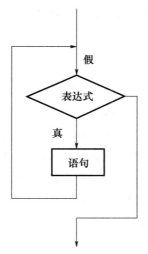

图 6-2　while 语句流程图

while 语句的循环也包括三个主要内容。

（1）控制变量的初始化；

（2）循环的终结条件；

（3）循环控制变量的更新。

[例 6-3] 用 while 语句实现求 1~100 的和。

```c
#include <stdio.h>
int main()
{
    int i,sum;              //i 为循环控制变量，sum 存储最终的和。
    sum=0;                  //sum 的值初始化为 0。
    i=1;                    //控制变量初始化为 1。
    while(i<=100)           //i<=100 为判断条件
    {
        sum=sum+i;
        i++;                //循环控制变量的更新。
    }
    printf("%d\n",sum);
}
```

例[6-4] 猜数。让计算机在 0~100 范围内随机产生一个数，运行程序时，用户可以在这个范围内自己猜数，直到猜中为止。

 提　示

C 语言中如何使用随机函数？

C 语言提供的随机函数为 rand()，函数返回一个在零到 RAND_MAX 之间的伪随机整数。在使用 rand() 函数之前，必须先执行 srand() 函数，srand() 函数是设置 rand() 随机序列种子。对于给定的种子 seed, rand() 会反复产生特定的随机序列。给定的种子不同，每次产生的值就不同。一般情况下用系统的时间做种子，可以保证每次运行时的种子都不同，不同的种子即产生不同的随机数。例如：srand(time(NULL));

注意：随机函数在标准函数库<stdlib.h>中，时间函数在标准函数库<time.h>中。

提 示

■ 如何使用随机函数产生的值在一定范围内？

例如，使用 rand()函数产生 1~100 的随机值，此时可以用 rand()%100+1 来实现。

分析：先使用 rand()函数产生一个 1 到 100 的随机数，然后循环从键盘输入猜的数，如果跟随机产生的数相等即结束，不相等就继续猜。此时循环需要进行多少次无法确定，所以需要定义一个标志变量 end，end 初始化为 0，当 end==0 时，用户可以继续猜数，一旦猜中，使end=1，此时循环条件就不成立了，循环结束。

```c
#include<stdio.h>
#include<stdlib.h>
#include<time.h>
main()
{
  int x,z,end;
  z=0;
  x=0;
  end=0;//是否结束标志变量
  srand(time(NULL));
  z=rand()%100+1;
  while(end==0)
  {
    printf("请猜数:");
    scanf("%d",&x);
    if(x==z)
    {
      printf("恭喜你猜对了!\n");
      end=1;
    }
    else
    {
      if(x>z)
      {
        printf("你猜的数大了!,请继续\n");
      }
      else
      {
        printf("你猜的数小了!,请继续\n");
      }
    }
  }
}
```

[例 6-5] 利用格里高利公式求 π: $\pi/4=1-1/3+1/5-1/7+...$，直到最后一项的绝对值小于等于 10^{-6} 为止。

程序如下：

```c
#include<stdio.h>
#include<math.h>
int main()
{
    double t,e,pi;
    long int n,s;
    t=1.0;
    n=1;
    s=1;
    pi=0.0;
    while(fabs(t)>=1e-6)            //此处的1e-6是科学计数法，表示10⁻⁶
    {
        pi=pi+t;                    //累加器
        n=n+2;                      //分母每次加2，奇数
        s=-s;                       //注意此处的小技巧，每次使得符号反转。
        t=(float)(s)/(float)(n);    //注意：如果此处不强制类型转换会如何？
    }
    pi=pi*4;
    printf("pi=%lf\n",pi);
}
```

运行结果为

```
pi=3.141591
```

本题中，将多项式的每一项用 t 表示，s 代表符号，在每一次循环中，只要改变 s、n 的值，就可求出每一项 t。

一般情况下，while 型循环最适合于这种情况：知道控制循环的条件为某个逻辑表达式的值，而且该表达式的值会在循环中被改变，如同[例 6-4]、[例 6-5]的情况一样。

 提　示

■ **两个整数相除，结果是什么？**

如果除数 x 与被除数 y 都是整数，C 语言处理的结果是整数除的商部分（余数扔掉）。如果我们想要得到一个除得的精确小数有下面两个办法。

1. (float)x/(float)y　　强制类型转换。

2. x*1.0/y　因为当 x 与 1.0 相乘时，结果会是小数，而一个小数与整数相除，结果为小数。

6.2.2　do…while 语句

在 C 语句中，直到型循环的语句是 do…while，它的一般形式为

```c
do
{
    语句
}
while  (表达式)
```

do...while 语句的流程图见图 6-3，其基本特点是：先执行后判断，因此，循环体至少被执行一次。

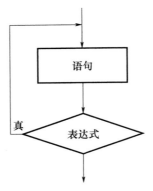

图 6-3　do...while 语句流程

[例 6-6] 计算 $\sin(x)=x-x^3/3!+x^5/5!\ -x^7/7!+...$，直到最后一项的绝对值小于 1e-7 时为止。

分析：让多项式的每一项与一个变量 n 对应，n 的值依次为 1，3，5，7，...，从多项式的前一项算后一项，只需将前一项乘一个因子：$(-x^2)/((n-1)*n)$。

用 s 表示多项式的值，用 t 表示每一项的值，程序如下：

```c
#include<math.h>
#include<stdio.h>
int main()
{
    double s,t,x;
    int n;
    printf("请输入 x 的值:");
    scanf("%lf",&x);
    t=x;
    n=1;
    s=x;
    do
    {
        n=n+2;
        t=t*(-x*x)/((float)(n)-1)/(float)(n);
        s=s+t;
    }while(fabs(t)>=1e-7);
    printf("sin(%f)=%lf",x,s);
}
```

运行结果如下：

请输入 x 的值:1.575

```
sin(1.575000)=0.999991
```

6.3　break 和 continue 语句

有时，我们需要在循环体中提前跳出循环，或者在满足某种条件下，不执行循环中剩下的语句而立即从头开始新的一轮循环，这时就要用到 break 和 continue 语句。

6.3.1　break 语句

在前面学习 switch 语句时，我们已经接触到 break 语句，在 case 子句执行完后，通过 break 语句使控制立即跳出 switch 结构。在循环语句中，break 语句的作用是在循环体中执行到 break 语句时应立即结束循环，使控制流程立即跳出循环结构，转而执行循环语句后的语句。

[例 6-7] 判断 m 是否是素数。

```c
#include<stdio.h>
#include<math.h>
int main()
{
    int m,i,k;
    printf("请输入一个整数: ");
    scanf("%d",&m);
    k=sqrt(m+1);
    for(i=2;i<=k;i++)
    {
        if(m%i==0)
        {
            break;
        }
    }
    if(i>=k+1)        //注意此处的条件式它所代表的含义。
    {
        printf("%d是素数\n",m);
    }
    else
    {
        printf("%d 不是素数\n",m);
    }
}
```

提　示

■ 多层循环中 break 语句的作用？

当 break 处于多层循环语句中时，它只跳出它所在的那一层的循环，而对外层循环结构没有影响。

思考题 2

求 100~200 之间的所有素数。

6.3.2　continue 语句

continue 语句只能用于循环结构中，一旦执行了 continue 语句，程序就跳过循环体中位于该语句后的所有语句，提前结束本次循环周期并开始新一轮循环。

[例 6-8] 把 100~200 之间不能被 3 整除的数输出。

```
#include<stdio.h>
int main()
{
    int n;
    for(n=100;n<=200;n++)
    {
        if(n%3==0)
        {
            continue;
        }
        printf("%4d",n);        //注意此处的打印语句在什么情况下输出
    }
}
```

同 break 一样，continue 语句也仅仅影响该语句本身所处的循环层，而对外层循环没有影响。

思考题 3

如果例 5-2 要求，找到三种答案就结束，请编程实现。

习　题

1. 将本章节的所有示例程序在 Visual C++ 6.0 上编辑并运行。
2. 将本章的思考题在 Visual C++ 6.0 上调试运行。
3. 输入两个正整数 m 和 n，求其最大公约数和最小公倍数。
4. 输入一行字符，分别统计出其中英文字母、空格、数字和其他字符的个数。
5. 爱因斯坦的阶梯问题：有一个长阶梯，若每步上 2 阶，最后剩 1 阶；若每步上 3 阶，最后剩 2 阶；若每步上 5 阶，最后剩 4 阶；若每步上 6 阶，最后剩 5 阶；只有每步上 7 阶，最后刚好一阶也不剩。请问该阶梯至少有多少阶。
6. 一个数如果恰好等于它的因子之和，这个数就称为"完数"。例如，6 的因子为 1、2、3，而 6=1+2+3，因此 6 是"完数"。编程序找出 1000 之内的所有完数，并按下面格式输出其因子：6　its　factors　are　1、2、3。
7. 用三种循环语句分别编写程序显示 1 至 100 的平方值。
8. 给定一个不多于 5 位的正整数，要求：①求它是几位数；②分别打印出每一位数字；③按逆序打印出各位数字。例如原数为 321，应输出 123。
9. 鸡兔同笼：有若干只鸡兔同在一个笼子里，从上面数，有 35 个头；从下面数，有 94 只脚。问笼中各有几只鸡和兔？
10. 输入 4 个整数，要求按由小到大的顺序输出。
11. 编程序，按下列公式计算 y 的值（精度为 1e-6）：$y=\Sigma 1/r \times r+1$。
12. 印度国王的奖励：相传古印度宰相达依尔，是国际象棋的发明者。有一次，国王因为他的贡献要奖励他，问他想要什么。达依尔说："只要在国际象棋棋盘上（共 64 格）摆上这么些麦子就行了：第一格一粒，第二格两粒，……，后面一格的麦子总是前一格麦子数的两倍，摆满整个棋盘，我就感恩不尽了。"国王一想，这还不容易，让人扛了一袋麦子，但很快用完了，再扛出一袋还是不够，请你为国王算一下总共给达依尔多少小麦？（设 1 平方米小麦约 1.4×10^8 颗）。

第 **7** 章 一维数组

7.1 一维整型数组

在例 5-5 中，可以看到对棋盘每一行的输出语句除了变量名 a1,a2,a3,a4 不同，其他都是相同的，如果我们可以让 a1,a2,a3,a4 循环起来输出语句就会变得简洁的多（如果是八皇后问题，就简化的更多了），但是 a1,a2,a3,a4 里的 1,2,3,4 是变量名的一部分，是不能作为变量的值循环的。那我们能不能让 1,2,3,4 变成变量的值，那就可以循环处理这四个变量了。C 语言可以这样处理，这里需要使用数组。a 就变成了数组名，1,2,3,4 就是数组的下标（同数学中数组的概念）。

思考题 1

使用数组改写例 5-5 的程序，同时改写思考题 S5-7，体会数组给编程带来的好处。

在程序设计中，为了处理方便，把具有**相同类型**的若干变量按**有序**的形式组织起来。这些按序排列的同类数据元素的集合称为数组，用一个统一的数组名和下标来唯一地确定数组中的元素。在 C 语言中，数组属于构造数据类型。一个数组可以分解为多个数组元素，这些数组元素可以是基本数据类型或是构造类型。因此按数组元素的类型不同，数组又可分为数值数组、字符数组、指针数组、结构数组等各种类别。本章介绍数值数组和字符数组，其余的在以后各章陆续介绍。

7.1.1 一维数组的定义

只有一个下标的数组，一个有序的串。

定义方式如下。

类型说明符数组名[常量表达式];

其中：

（1）类型说明符是任一种基本数据类型或构造数据类型；

（2）数组名是用户定义的数组标识符；

（3）方括号中的常量表达式表示数据元素的个数，也称为**数组的长度**。

例如:

```
int a[10];              说明整型数组 a, 有 10 个元素。
float b[10],c[20];      说明实型数组 b, 有 10 个元素, 实型数组 c, 有 20 个元素。
char ch[20];            说明字符数组 ch, 有 20 个元素。
```

对于数组类型说明应注意以下几点。

(1) 数组的类型实际上是指数组元素的取值类型。对于同一个数组,其所有元素的数据类型都是相同的。

(2) 数组名的书写规则应符合标识符的书写规定。

(3) 数组名不能与其他变量名相同。

```
int a;
float a[10];
```
是错误的。

(4) 方括号中常量表达式表示数组元素的个数,如 a[5]表示数组 a 有 5 个元素。但是其下标从 0 开始计算(注意此处与数学不同)。因此 5 个元素分别为 a[0],a[1],a[2],a[3],a[4]。

(5) 不能在方括号中用变量来表示元素的个数,但是可以是符号常数或常量表达式。

例如:

```
#define MAX  5        //注意此处是编写数组程序的常用方法,可以简化数组大小改变时处理
main()
{
   int a[MAX];
   ……
}
```
是合法的。

但是下述说明方式是错误的。

```
main()
{
   int n=5;
   int a[n];          //大家学习了汇编语言,思考为什么此处是错误的?
   ……
}
```

(6) 允许在同一个类型说明中,说明多个数组和多个变量。

例如:

```
int a,b,c,d,k1[10],k2[20];
```

7.1.2 一维数组元素的引用

数组必须先定义,后使用。C 语言规定**只能逐个引用数组元素而不能一次引用整个数组**(例如我们要输出一个数组 a,只能一个元素一个元素的输出,而不能直接写输出数组 a,但是 **C++ 可以**)。

数组元素的引用方式为

数组名[下标]

[例 7-1] 数组元素的输入输出。由键盘随机输入 10 个数存入数组中并输出。

```
#include <stdio.h>
int main()
{
```

```
int a[10],i;
for(i=0;i<=9;i++)
{
    scanf("%d",&a[i]);              //注意数组元素前要加&
}
for(i=0;i<=9;i++)
{
    printf("%d ",a[i]);
}
}
```

 提　示

■ 引用数组元素时，有哪些容易犯的错误？

（1）第一个数组元素的下标是"[0]"。这个对于习惯了从 1 开始的我们来说是一个非常容易犯的错误。如[例 7-1]中

```
for(i=0;i<=9;i++)                   //此处非常容易写成10
{
    printf("%d ",a[i]);
}
```

或者改写为

```
for(i=0;i<10;i++)                   //注意<=变成了<
{
    printf("%d ",a[i]);
}
```

（2）C 语言对数组不做越界检查。如[例 7-1]中，如果输出语句改写为

```
for(i=0;i<100;i++)                  //注意数组 a 只有 10 个元素
{
    printf("%d ",a[i]);
}
```

这个语句语法检查时正确的。但输出的结果呢？大家想一想为什么？

7.1.3　一维数组的初始化

可以用赋值语句或输入语句使数组中的元素得到值，但占运行时间。可使数组在程序运行之前初始化。初始化方法如下。

（1）在定义数组时对数组赋初值。

`int a[5]={0,1,2,3,4};`

（2）可只给一部分元素赋初值。

`int a[10]={0,1,2,3,4};`   //后面的五个元素的值是 0

（3）对数组中全部元素赋初值时，可不指定数组长度。

`int a[]={0,1,2,3,4};`   //数组的长度是 5

（4）如果想让数组元素全部为 0，可以这样初始化。

`int a[10]={};`

提 示

■ **数组没有初始化，数组元素的值是什么？**

运行下面的程序，看看结果是多少？为什么？

```c
#include <stdio.h>
int main(int argc, char *argv[])
{
    int a[5];
    int i;
    for(i=0;i<5 ;i++ )
    {
        printf("%d\n",a[i]);
    }
}
```

7.1.4　程序举例

在例 1-6 中，输入三个数，输出其中最大的数。如果是四个数，或更多的数，程序会变得非常复杂，但是这个比较过程是有规律的，每次都是拿一个变量与 max 比较，如果大于 max 就设 max 为新的值，依次进行，最后 max 中的值就是最大值。因为有这样的规律，所以可以把要比较的数设为一个数组，数组元素依次与 max 比较。

[例 7-2] 输入 10 个整型数，求最大值。

算法分析：因为要依次处理这十个数，所以定义 int 数组 a[10]，定义中间变量 max 来存储最大值，先将 a[0]赋值给 max，然后让 max 与数组中的其他元素比较，如果元素的值大，则替换 max 的值，继续比较，直到把数组中的所有元素都比较完，max 中存储的值就是数组中元素的最大值。

```c
#include<stdio.h>
int main()
{
  int i,max,a[10];
  printf("请输入十个数:\n");
  for(i=0;i<10;i++)
  {
    scanf("%d",&a[i]);
  }
  max=a[0];          //max 存储最大数，先将数组的第一个元素给 max
  for(i=1;i<10;i++)
  {
    if(a[i]>max)    //依次跟数组中其它元素比较，有比 max 大的，给 max 重新赋值。
    {
max=a[i];
    }
  }
  printf("最大值 max=%d\n",max);
}
```

思考题 2

如果[例 7-2]的题目要求改为：求出最大值并告诉我们最大的数是第几个数（假定最大的数只有一个）。该如何编写程序？

[例 7-3] 用数组来处理 Fibonacci 数列问题。

算法分析：Fibonacci 数列的特点是，第 1、2 两个数为 1、1，从第 3 个数开始，该数是其前面两个数之和。即：

$$F(1)=1 \qquad (n=1)$$
$$F(2)=1 \qquad (n=2)$$
$$F(n)=F(n-1)+F(n-2) \qquad (n \geqslant 3)$$

程序源代码：

```c
#include<stdio.h>
int main()
{
    int i;
    int f[20]={1,1};
    for(i=2;i<20;i++)            //注意从 2 开始
    {
        f[i]=f[i-2]+f[i-1];      //要求的元素值是这个元素之前的两个元素的和。
    }
    for(i=0;i<20;i++)
    {
        printf("%d ",f[i]);
    }
}
```

7.1.5　查找算法

在一个数组中查找一个给定的值，如果在，给出位置。这就是查找问题。最简单的查找算法就是对数组进行遍历（一个一个去比较），如果该数等于数组中的某个元素，说明这个数存在于数组中，找到的元素的下标加 1 即是该数在数组中的位置。如果跟数组中所有的元素比较完成后，没有找到和该数相等的数组元素，则说明没有找到。

[例 7-4] 从键盘给定一个值，判断该值是否在给定的数组中，如果在，请给出具体位置。

```c
#include<stdio.h>
int main()
{
    int i,x;
    int a[10]={1,4,6,9,13,16,19,28,40,100};
    printf("请输入要查找的数: \n");
    scanf("%d",&x);
    for(i=0;i<10;i++)
    {
        if(x==a[i])
        {
            printf("找到了, 位置是数组中第%d 个\n",i+1);
//因为数组下标从 0 开始，所以此时的下标 i 要加 1。
            break;
```

```
        }
    }
    if(i==10)   //注意此处判断的意义是什么？它与上面 break 的关系是什么？
    {
        printf("你要找的数不在此数组中。\n");
    }
}
```

7.1.6 插入算法

在一个数组中给定的位置插入一个值，必须将该位置其后（包括该位置）的所有数依次向后移动一个位置，将该位置空出来，然后将要插入的数插入在该位置上。

[例 7-5] 输入要插入的位置和数据，在数组中插入该数据，输出插入后的数组。

```
#include<stdio.h>
#define MAXNUMBER  20                    //定义数组大小
int main()
{
    int a[MAXNUMBER]={23,32,55,86,24,38,52,61,95,99};    //注意要插入的数组必须大于里面
的数据数量。
    int count,number, position,i,j;
    count =10;                      //数组中现有数据的数量
    printf("数组原来的顺序为:\n");
    for(i=0;i< count;i++)           //注意此处不是 MAXNUMBER
    {
        printf("%5d",a[i]);
    }
    printf("\n");
    printf("请输入要插入的数:");
    scanf("%d",&number);
    printf("请输入要插入的数的位置:");
    scanf("%d",& position);
    for(j=count;j>=position;j--)    //注意此处的初始值，终结值，步长
    {
        a[j]=a[j-1];                //从最后一个元素开始到要挪出位置的元素，依次后移空出
    }
    a[position-1]=number;           //将空出的 position 位置插入元素。
    count++;
printf("数组插入后的顺序为:\n");
    for(i=0;i< count;i++)
    {
        printf("%5d",a[i]);
    }
}
```

思考题 3

如果有两个一维数组 a,b。输入一个位置，从 a 数组的该位置开始插入数组 b。输出结果。

7.1.7 删除算法

要删除一个数组中给定的位置的值，必须将该位置其后（包括该位置）的所有数依次向前

移动一个位置，将该位置覆盖掉，并保持后面的元素顺序不变。

[例 7-6] 输入要删除的位置，在数组中删除该位置的数据，输出删除后的数组。

```
#include<stdio.h>
#define MAXNUMBER  20                 //定义数组大小
int main()
{
    int a[MAXNUMBER]={23,32,55,86,24,38,52,61,95,99};
    int count, position,i,j;
    count =10;                        //数组中现有数据的数量
    printf("数组原来的顺序为:\n");
    for(i=0;i< count;i++)             //注意此处不是 MAXNUMBER
    {
        printf("%5d",a[i]);
    }
    printf("\n");
    printf("请输入要删除数的位置:");
    scanf("%d",& position);
    for(j=position-1;j<count;j++)     //注意此处的初始值，终结值，步长
    {
        a[j]=a[j+1];  //从要删除的位置的下一个元素开始到最后一个元素，依次前移
    }
    count--;                          //实际数据数量减 1
    printf("数组删除后的顺序为:\n");
    for(i=0;i< count;i++)
    {
        printf("%5d",a[i]);
    }
}
```

思考题 4

从键盘给定一个值，判断其是否是数组中的元素，是则删除数组中该元素。

7.1.8　排序算法（选择法与冒泡法）

对数组中的元素按从小到大的顺序排列。这种问题称为数的排序。排序问题是一个重要的问题。这里介绍两种简单的排序算法。选择法与冒泡法。

选择法排序的思路是基于在数组中求最大值（如例 7-2），将第一个数作为基准值，以后的数都与它比较，如果大于第一个数就交换，这样第一个数就是最大的数。找到最大数后，继续从第二个元素开始寻找次大的数，重复这个过程。数组中的数就完成了从大到小的排序。

[例 7-7] 用选择法对数组中的 10 个元素按从大到小的顺序排列。

```
#include<stdio.h>
int main()
{
    int a[10];
    int i,j,t;
    printf("请输入 10 个整数: \n");
    for(i=0;i<10;i++)
    {
```

```
        scanf("%d",&a[i]);
    }
    printf("\n");
    for(i=0;i<9;i++)                    //一共比较了 9 趟,注意此处为什么不是 10
    {
        for(j=i+1;j<10;j++)             //每趟比较 10-(i+1)次,i 是趟数
        {
            if(a[i]<a[j])
            {
                t=a[i];                 //下面三句是数据交换
                a[i]=a[j];
                a[j]=t;
            }
        }
    }
    printf("排好序的数据为: \n");
    for(i=0;i<10;i++)
    {
        printf("%4d",a[i]);
    }
    printf("\n");
}
```

思考题 5

将例 7-7 改为从小到大排序。

思考题 6

怎么优化例 7-7 给出的算法,让它运行的更快。

冒泡法排序的思路与选择法相同的是每一趟排序找到一个最大或最小数,区别是比较的过程不同,每次将相邻两个数比较,将大的或小的调到前头。之所以起名叫冒泡法是因为这个过程就像气泡升起的过程。

[例 7-8] 用冒泡法对数组中的 10 个元素按从小到大的顺序排列。

算法分析:若有 6 个数:9、8、5、4、2、0。第一趟和第二趟排序过程如图 7-1 和图 7-2 所示。

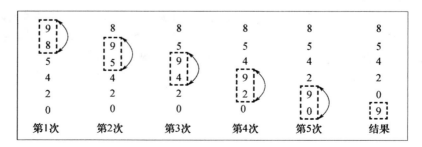

图 7-1　第一趟排序过程

经过第一趟(共 5 次比较与交换)后,最大的数 9 已"沉底"。然后进行对余下的前面 5 个数

第二趟比较。

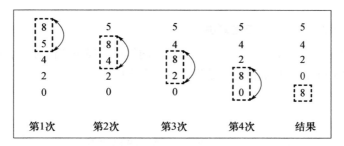

图 7-2 第二趟排序过程

经过第二趟(共 4 次比较与交换)后，得到次大的数 8。

如果有 n 个数，则要进行 n-1 趟比较。在第一趟比较中要进行 n-1 次两两比较，在第 j 趟比较中要进行 n-j 次两两比较。

```c
#include<stdio.h>
int main()
{
    int a[10];
    int i,j,t;
    printf("请输入十个整数: \n");
    for(i=0;i<10;i++)
    {
        scanf("%d",&a[i]);
    }
    printf("\n");
    for(j=0;j<9;j++)            //一共比较了N-1趟
    {
        for(i=0;i<9-j;i++)      //每趟比较9-j次，j是趟数
        {
            if(a[i]>a[i+1])
            {
                t=a[i];
                a[i]=a[i+1];
                a[i+1]=t;
            }
        }
    }
    printf("排好序的数据为: \n");
    for(i=0;i<10;i++)
    {
        printf("%4d",a[i]);
    }
    printf("\n");
}
```

提 示

■ 选择法与冒泡法哪个算法更好呢？

两个算法的效率是一样的，都属于速度比较慢的算法，但是它们对于小数据量的情况还是很好用的。更好更快的排序算法留待《数据结构》课程中讲解。

 思考题 7

在排好序的数组中插入一个元素，使插入后的数组仍然有序。

7.2　一维字符型数组

计算机最早是用来处理数值计算问题的，后来随着硬件的发展，计算机逐渐开始处理文字。文字的处理有着它独特的方式，因为它不太关注单个字符的意义，主要是对一系列字符进行统一的处理，如查找一段文字，对一段文字进行删除、复制、插入等操作。对文字的处理在计算机语言中主要通过字符串来实现。但 C 语言中并没有字符串这样的变量类型（BASIC、PASCAL 等大多数语言中有），C 语言是通过一维字符数组的形式来实现字符串。本节主要学习字符串的处理并了解标准库中提供的字符串处理函数。

C 语言的字符数组在使用上主要有两种形式：一种是单纯的字符数组，这种与前一节在使用上是一样的，只是每个数据元素是字符型数据而已，它强调的是每个独立的字符元素；另一种是字符串形式，在形式上看起来与普通的字符数组没有区别，但它在使用上更加强调对字符的连续处理，对单个字符不是太感兴趣。

7.2.1　字符数组的定义

类型说明符数组名[常量表达式];

```
例：charc[5];              //定义一个字符数组，该数组含有 5 个元素，每个元素都是字符类型。
    c[0]='a';             //数组的起始下标从 0 开始，将'a'赋值给数组 c[0]。
```

7.2.2　数组的初始化

（1）逐个字符赋初值。

```
chara[5]={'h','a','p','p','y'};      //把 5 个字符依次赋值给 a[0]到 a[5]这 5 个元素。
```
（2）字符个数与长度不等时赋初值。

```
chara[7]={'h','a','p','p','y'};
```
字符数组长度大于给定字符时，将给定的字符赋值给数组前面的元素，其余的元素自动定为空字符（即 '\0'）。如果数组长度小于给定的字符数，则报语法错误。

（3）不指定长度时赋初值。

```
chara[]={'h','a','p','p','y'};       //不指定长度时，数组的长度等于给定字符的个数。
```

7.2.3　数组的引用

逐个引用数组元素,得到一个字符。

[例 7-9] 输出一个已知字符串。

```
#include <stdio.h>
int main()
{
    char a[5]={'C','h','i','n','a'};
    int i;
    for(i=0;i<5;i++)
    {
        printf("%c",a[i]);      //这里重点是一个一个的处理。
    }
}
```

7.2.4 字符串形式的字符数组

在实际工作中，字符数组用的比较少，人们往往不关心一串字符里的某一个字符是什么，这种情况就是字符串。C 语言没有字符串变量，使用字符数组来实现字符串。对于字符串，我们关心的是它的有效长度，而不是字符数组的长度。例如，定义一个字符数组长度为 40，而实际有效字符只有 20 个。为了测定字符串的实际长度，C 语言规定了一个"字符串结束标志"，以 '\0'（ASCII 码为 0 的字符）作为结束标志。一旦遇到 '\0'，则认为字符串结束，'\0' 之前的字符为有效字符。

有了结束标志 '\0' 后，字符数组的长度就显得不那么重要了。在程序中往往依靠检测 '\0' 的位置来判定字符串是否结束，而不是根据数组的长度来决定字符串的长度。当然，在定义字符数组时应注意数组的长度，数组的长度一定要能容纳所要输入的字符，可以适当定义长一些。

例如：

```
char c[]={'c', ' ','p','r','o','g','r','a','m'};    //注意这里是单引号。
```

可写为

```
char c[]={"C program"};  //注意这里是双引号。系统自动给字符串后加'\0'，处理时遇到'\0'即结束。
```

或去掉{}写为

```
char c[]="C program";
```

注意：用字符串方式赋值比用字符逐个赋值要多占一个字节，用于存放字符串结束标志'\0'.

7.2.5 字符串的输入输出

除了上述用字符串赋初值的办法外，还有两种方法可以对字符串进行输入输出。首先可以用 printf 函数和 scanf 函数一次性输入输出一个字符数组中的字符串，而不必使用循环语句逐个地输入输出每个字符。

[例 7-10] 用 scanf 语句一次输入一串字符串。

```
#include<stdio.h>
int main()
{
char st[20];
  printf("请输入 19 个字符以内的字符串:\n");
  scanf("%s",st);
  printf("%s\n",st);
}
```

第二种方法使用 puts 和 gets 函数实现对字符串的输入输出。

字符串输出函数 puts

格式：puts (字符数组名)

功能：把字符数组中的字符串输出到显示器。即在屏幕上显示该字符串。

字符串输入函数 gets

格式：gets (字符数组名)

功能：从标准输入设备键盘上输入一个字符串。

[例 7-11] gets 函数的使用。

```c
#include<stdio.h>
int main()
{
  char st[15];
  printf("请输入字符串:\n");
  gets(st);
  puts(st);
}
```

可以看出当输入的字符串中含有空格时，输出仍为全部字符串。说明 gets 函数并不以空格作为字符串输入结束的标志，而只以回车作为输入结束。这是与 scanf 函数不同的。puts 函数完全可以由 printf 函数取代。当需要按一定格式输出时，通常使用 printf 函数。

 提 示

■ **输入输出字符串时出现的问题？**

（1）用"%s"格式符输出字符串时，printf 函数中的输出项是字符数组名，而不是数组元素名。如：写成下面这样是不对的：printf（"%s"，c［0］）。

（2）如果数组长度大于字符串实际长度，也只输出到遇"\0"结束。

（3）输出字符不包括结束符"\0"。

（4）如果一个字符数组中包含一个以上"\0"，则遇第一个"\0"时输出就结束。

（5）可以用 scanf 函数输入一个字符串，但遇到空格即结束，也就是说 scanf 函数不能接收空格，但是 gets 函数可以接收空格，它是以回车符作为结束标志的。

7.2.6 字符串处理函数

（1）字符串复制函数 strcpy。

格式：strcpy (字符数组名 1，字符数组名 2)。

功能：把字符数组 2 中的字符串复制到字符数组 1 中。串结束标志"\0"也一同复制。字符数名 2，也可以是一个字符串常量。这时相当于把一个字符串赋予一个字符数组。

（2）字符串连接函数 strcat。

格式：strcat (字符数组名 1，字符数组名 2)。

功能：把字符数组 2 中的字符串连接到字符数组 1 中字符串的后面，并删去字符串 1 后的串标志"\0"。

（3）测字符串长度函数 strlen。

格式：strlen(字符数组名)。

功能：测字符串的实际长度(不含字符串结束标志"\0")并作为函数返回值。

[例 7-12] 将数组 2 的值复制到数组 1 中，再将数组 3 的值与数组 1 的值连接在一起。

```
#include<string.h>
#include<stdio.h>
int main( )
{
  char st1[15],st2[]="C Language",st3[40]="The course is ";
  strcpy(st1,st2);      //将数组 2 的值拷贝给数组 1
  printf("数组 1 的值为: \n");
  puts(st1);
  printf("数组 1 的长度为: %d\n",strlen(st1));
  printf("\n");
  printf("数组 2 的值为: \n");
  puts(st2);
  printf("数组 2 的长度为: %d\n",strlen(st2));
  printf("\n");
  strcat(st3,st1);      //将数组 1 连接到数组 3 后面
  printf("数组 3 的值为: \n");
  puts(st3);
  printf("数组 3 的长度为: %d\n",strlen(st3));
  printf("\n");
}
```

提　示

■ 上题中数组长度的定义应注意的问题？

首先，数组 1 的长度必须足够长，保证能容纳数组 2 复制过来的所有字符。其次，数组 3 的长度要能把数组 1 的所有字符连接进去。

（4）字符串比较函数 strcmp。

格式：strcmp(字符数组名 1，字符数组名 2)。

功能：按照 ASCII 码顺序比较两个数组中的字符串，并由函数返回值返回比较结果。

字符串 1＝字符串 2，返回值＝0；

字符串 2＞字符串 2，返回值＞0；

字符串 1＜字符串 2，返回值＜0。

本函数也可用于比较两个字符串常量，或比较数组和字符串常量。

[例 7-13] strcmp 函数的使用。

```
#include<string.h>
#include<stdio.h>
int main()
{
  int k;
  static char st1[15],st2[]="China";
  printf("请输入一个字符串:\n");
  gets(st1);
  k=strcmp(st1,st2);
  if(k==0)
  {
```

```
      printf("st1=st2\n");
    }
    if(k>0)
    {
      printf("st1>st2\n");
    }
    if(k<0)
    {
      printf("st1<st2\n");
    }
}
```

本程序中把输入的字符串和数组 st2 中的串比较，比较结果返回到 k 中，根据 k 值再输出结果提示串。当输入为 data 时，由 ASCII 码可知 "data" 大于 "China" 故 k>0,输出结果 "st1>st2"。

7.2.7 字符数组在加解密算法中的应用

[例 7-14] 凯撒密码是一种古老的字符替代加密方法，在古罗马的时候就已经很流行了，据说是凯撒大帝首先使用的。他通过把字母移动一定的位数来实现加密和解密。现在我们做一个凯撒密码加密的小实验。输入一个字符串，对输入的英文字符使用凯撒密码进行加密并输出（大写、小写字母转换后依然为大写小写字母，其他不变）。

```
include <stdio.h>
int main()
{
  char s[100];
  int caeser,i,n;
  char m;
  printf("请输入加密密钥（整数）: ");
  scanf("%d",&caeser);
  getchar();                          //这里如果没有此句会怎么样？
  printf("请输入待加密的字符串: ");
  gets(s);
  i=0;
  while(s[i]!='\0')                   //注意此处的循环结构
  {
      if(s[i]>='A'&&s[i]<='Z')
      {
    m='A'+(s[i]-'A'+caeser)%26;       //注意此处的对26取模，为什么？
      }
      else if(s[i]>='a'&&s[i]<='z')
      {
    m='a'+(s[i]-'a'+caeser)%26;
      }
      else
      {
    m=s[i];
      }
      s[i]=m;
      i++;
  }
```

```
    printf("加密结果: %s",s);
}
```

 提　示

■ **注意处理字符串的经典程序结构。**

运行下面的程序，看看结果是多少？为什么？

```
i=0;
while(s[i]!='\0')                    //注意此处的循环结束条件
{
    // 对 s[i]进行处理
    i++;
}
```

思考题 8

写出与例 7-14 的同样条件的解密程序。

提示：'A'+(s[i]-'A'+(26-caeser))%26。

思考题 9

如果只知道加密方法是凯撒密码，而不知道密文的加密密钥，如何对密文进行破解。

提示：穷举法。

[例 7-15] 使用凯撒密码的最大问题就是密钥量太少，只有 25 个。使用穷举法可以很快找到问题的解。那么如何提高这种替代密码的安全性？如果字符替代的规律不是统一移位，而是采用下面的替代表，那么这样的替代表有多少种呢？可以推算知道约等于 26！= 403291461126605635584000000 种。这样只要通信双方约定好字母替代表就可以通信了。

原	A	B	C	D	E	F	G	H	I	J	K	L	M	N	O	P	Q	R	S	T	U	V	W	X	Y	Z
密	B	F	P	R	C	Q	A	W	Z	G	Y	D	T	K	S	E	X	V	I	L	U	J	N	O	M	H

```
#include<stdio.h>
int main()
{
    char s[100],m;                       //通过单个字符对数组初始化
    char key[26]= {'B','F','P','R','C','Q','A','W','Z','G','Y','D','T','K','S','E',
'X','V','I','L','U','J','N','O','M','H'};
    //大写字母按顺序所对应的密文数组
    int pos=0,i=0;
    printf("请输入待加密的字符串: ");
    gets(s);
    i=0;
    while(s[i]!='\0')                     //注意此处的循环结构
    {
      if(s[i]>='A'&&s[i]<='Z')
      {
        pos=s[i]-'A';   //通过此公式算出明文所对应的密文在密文数组中的位置。
        m=key[pos];
```

```
    }
    else
    {
      m=s[i];
    }
    s[i]=m;
    i++;
  }
  printf("加密结果: %s",s);
}
```

思考题 10

写出[例 7-15]的解密程序。

[例 7-16] 输入字符串，统计里面单词的数目？

统计单词的数目关键是找到一个单词的开始和结束，这里认为单词只是由大写字母和小写字母构成。

```
#include <stdio.h>
int main()
{
   char s[80];                          //定义一个足够大的空间存放输入的字符串
   int wordcount=0;                     //单词数目
   int wordbegin=0,wordend=0;           //单词开始，单词结束，1表示是，0表示否
   int i;              //
   gets(s);                             //这里必须使用 gets，不能使用 scanf("%s")，想想为什么？
   i=0;                                 //注意下面对字符串处理的经典结构
   while(s[i]!='\0')
   {
       if((s[i]>='A' && s[i]<='Z') || (s[i]>='a' && s[i]<='z'))
       {
          wordbegin=1;                  //如果是字母就是单词开始了。
       }
       else
       {
       if(wordbegin==1) wordend=1;      //否则单词就是结束了。
       }
       if(wordbegin==1 && wordend==1)   //如果单词开始结束都为真，说明这是一个单词
       {
          wordcount++;                  //计数器
          wordbegin=0;                  //复原
          wordend=0;
       }
       i++;
   }
```
//最后这个补充是为什么呢？考虑到输入的最后一个单词后如果直接回车，那么这个单词将不会统计，因为有开始没有结束。
```
   if (wordbegin==1)    {
       wordcount++;
   }
   printf("输入的字符串\"%s\"有%d个单词\n",s,wordcount);
```

}

思考题 11

如果要输入的字符串里的单词数目和数据的数目（仅限整数，123 是一个数据）要如何编程实现？

习　　题

1. 将本章节的所有示例程序在 Visual C++ 6.0 上编辑并运行。

2. 将本章的思考题写在作业本上，并在 Visual C++ 6.0 上调试运行。

3. 编程序，将两个字符串连接起来，不要用 strcat 函数。

4. 编程序，输入单精度型一维数组 a[10]，计算并输出 a 数组中所有元素的平均值。

5. 输入一字符串，并将其中的阿拉伯数字相加、输出。例如，若输入的是"Our class has 15 boys and 24 girls."，则应输出 39。

6. 编一个程序，将两个字符串 S1 和 S2 比较，如果 S1>S2，输出一个正数；S1=S2，输出 0；S1<S2，输出一个负数。不要用 strcpy 函数。两个字符串用 gets 函数读入。输出的正数或负数的绝对值应是相比较的两个字符串相对应字符的 ASCII 码的差值。例如，'A' 与 'C' 相比，由于 'A' < 'C'，应输出负数，由于 'A' 与 'C' 的码差值为 2，因此应输出 "-2"。同理： "And" 和 "Aid" 比较，根据第 2 个字符比较结果， 'n' 比 'I' 大 5，因此应输出 "5"。

7. 将一个数组的值按逆序重新存放，例如，原来顺序为：8，6，5，4，1。要求改为：1，4，5，6，8。

8. 有一篇文章，共有 3 行文字，每行有个 80 字符。要求分别统计出其中英文大写字母、小写字母、空格以及其他字符的个数。

9. 已知十位同学的英语成绩分别为 90，61，92，79，45，67，86，95，63，79，用"冒泡法"对此成绩由大到小排序。

10. 从键盘输入字符串"I am a student."，并求此字符串的长度(不用 strlen 函数)。

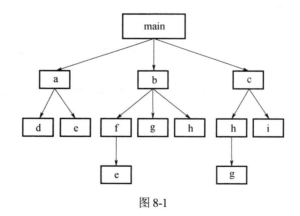

第8章 函数

8.1 函数的概念及定义

8.1.1 函数的基本概念

在前面已经介绍过，C 源程序是由函数组成的。虽然在前面各章的程序中大都只有一个主函数 main()，但实用程序往往由多个函数组成（图 8-1）。函数是 C 源程序的基本模块，通过对函数模块的调用实现特定的功能。C 语言中的函数相当于其他高级语言的子程序。C 语言不仅提供了极为丰富的库函数(如 Turbo C，MS C 都提供了三百多个库函数)，还允许用户建立自己定义的函数。用户可把自己的算法编成一个个相对独立的函数模块，然后用调用的方法来使用函数。可以说 C 程序的全部工作都是由各式各样的函数完成的，所以也把 C 语言称为函数式语言。

图 8-1

由于采用了函数模块式的结构，C 语言易于实现结构化程序设计。使程序的层次结构清晰，便于程序的编写、阅读、调试。一个较大的程序可分为若干个程序模块，每一个模块用来实现一个特定的功能。在高级语言中用子程序实现模块的功能。子程序由函数来完成。一个 C 程序可由一个主函数和若干个其他函数构成。同时善于利用函数，减少重复编写程序段的工作量。

[例 8-1] 简单的无参函数调用。

```
#include <stdio.h>
void printstar() //定义printstar函数
{
```

```
printf("# # # # # # # # # # # # # # #\n");
}
void print_message()          //定义 print_message 函数
{
printf("How are you!\n");
}
int main()
{
  printstar();                //调用 printstar 函数
  print_message();            //调用 print_message 函数
  printstar();                //调用 printstar 函数
}
```

运行情况如下：

```
# # # # # # # # # # # # # # #
How are you!
# # # # # # # # # # # # # # #
```

[例 8-2] 用函数实现求两个数中的大数（有参函数的应用）。

```
#include<stdio.h>
int max(int x,int y);
int main()
{
    int a,b,c;
    printf("请输入两个整数: ");
    scanf("%d%d",&a,&b);
    c=max(a,b);     //a,b 为实参
    printf("最大的数为%d\n",c);
}

int max(int x,int y)   //x,y 为形参
{
    int z;
    z=x>y?x:y;
    return z;
}
```

说明如下。

（1）一个 C 程序由一个或多个程序模块组成，每一个程序模块作为一个源程序文件。对较大的程序，一般不希望把所有内容全放在一个文件中，而是将他们分别放在若干个源文件中，再由若干源程序文件组成一个 C 程序。这样便于分别编写、分别编译，提高调试效率。一个源程序文件可以为多个 C 程序公用。

（2）一个源程序文件由一个或多个函数以及其他有关内容（如命令行、数据定义等）组成。一个源程序文件是一个编译单位，在程序编译时是以源程序文件为单位进行编译的，而不是以函数为单位进行编译的。

（3）C 程序的执行是从 main 函数开始的，如是在 main 函数中调用其他函数，在调用后流程返回到 main 函数，在 main 函数中结束整个程序的运行。

（4）所有函数都是平行的，即在定义函数时是分别进行的，是互相独立的。一个函数并不从属于另一函数，即函数不能嵌套定义。函数间可以互相调用，但不能调用 main 函数。main

函数是系统调用的。

（5）从用户使用的角度看，函数有两种。

① 标准函数，即库函数。这是由系统提供的，用户不必自己定义这些函数，可以直接使用它们。应该说明，不同的 C 系统提供的库函数的数量和功能会有一些不同，当然许多基本的函数是共同的。

② 用户自己定义的函数。用以解决用户的专门需要。

（6）从函数的形式看，函数分两类。

① 无参函数。如例 8-1 中的 printstar 和 print_message 就是无参函数。在调用无参函数时，主调函数不向被调用函数传递数据。无参函数一般用来执行指定的一组操作。例如，例 8-1 程序中的 printstar 函数。

② 有参函数。在调用函数时，主调函数在调用被调用函数时，通过参数向被调用函数传递数据，一般情况下，执行被调用函数时会得到一个函数值，供主调函数使用。

8.1.2　函数定义的一般形式

类型标识符函数名([形参列表])
{
    函数体
}

类型标识符和函数名称为函数头。类型标识符指明了本函数的类型，函数的类型实际上是函数返回值的类型。该类型标识符与前面介绍的各种说明符相同。函数名是由用户定义的标识符，函数名后有一个括号，其中形参列表是可选项，有形参列表的称为有参函数，无形参列表的成为无参函数，但括号不可少。{}中的内容称为函数体。例 8-1 中的 printstar 和 print_message 函数为无参函数，返回值为 void 类型，表示不需要带回函数值。例 8-2 中的 max 是有参函数，返回值是 int 类型。

8.2　函数的调用

8.2.1　函数的参数

在前面提到的有参函数中，在定义函数时函数名后面括弧中的变量名称为"形式参数"（简称"形参"），在主调函数中调用一个函数时，函数名后面括弧中的参数(可以是一个表达式)称为"实际参数"（简称"实参"）。return 后面的括弧中的值()作为函数带回的值（称函数返回值）。图 8-2 是例 8-2 的函数运行示意图。

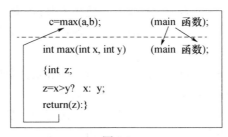

图 8-2

关于形参与实参的说明如下。

（1）在定义函数中指定的形参，在未出现函数调用时，它们并不占内存中的存储单元。只有在发生函数调用时，函数 max 中的形参才被分配内存单元。在调用结束后，形参所占的内存单元也被释放。

（2）实参可以是常量、变量或表达式，如：

```
max(3,a+b);
```

但要求它们有确定的值。在调用时将实参的值赋给形参。

（3）在被定义的函数中，必须指定形参的类型（见例 8-2 程序中的"c=max(a,b)"）。

（4）实参和形参应该尽量保持类型一致。

（5）在 C 语言中，实参向对形参的数据传递是"值传递"，单向传递，只由实参传给形参，而不能由形参传回来给实参。在内存中，实参单元与形参单元是不同的单元，如图 8-3 所示。

调用函数时，给形参分配存储单元，并将实参对应的值传递给形参，调用结束后，形参单元被释放，实参单元仍保留并维持原值。因此，在执行一个被调用函数时，形参的值如果发生改变，并不会改变主调函数的实参的值。

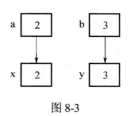

图 8-3

8.2.2 函数的返回值

通常，希望通过函数调用使主调函数能得到一个确定的值，这就是函数的返回值。例如，例 8-2 中，max(2,3)的值是 3，max(5,2)的值是 5。赋值语句将这个函数值赋给变量 c。

关于函数返回值的一些说明如下。

（1）函数的返回值通过函数中的 return 语句获得。

① 一个函数可有一个以上的 return 语句。

② return 语句后面的括号可不要。

③ return 语句后面的值可以是一个表达式。

（2）函数值的类型：函数的返回值应当属于某一个确定的类型，在定义函数时指定函数返回值的类型。

例如:下面是 3 个函数的首行。

```
int    max(float x, float y)        /* 函数值为整型 */
char   letter(char c1, char c2)     /* 函数值为字符型 */
double min(int x, int y)            /* 函数值为双精度型 */
```

（3）在定义函数时指定的函数类型一般应该和 return 语句中的表达式类型一致。如果函数值的类型和 return 语句中表达式的值不一致，则以函数类型为准。对数值型数据，可以自动进行类型转换。即函数类型决定返回值的类型。

注：函数类型决定返回值的类型。

（4）对于不带回返回值的函数，应当用"void"定义函数为"无类型"（或称"空类型"）。这样，系统就保证不使函数带回任何值，即禁止在调用函数中使用被调用函数的返回值。此时在函数体中不得出现 return 语句。

8.2.3 函数调用

前面已经说过，在程序中是通过对函数的调用来执行函数体的 C 语言中，函数调用的一般方法有以下几种。

（1）函数表达式：函数作为表达式中的一项出现在表达式中，以函数返回值参与表达式的运算。这种方式要求函数是有返回值的。例如：z=max(x,y)是一个赋值表达式，把 max 的返回值赋予变量 z。

（2）函数语句：函数调用的一般形式加上分号即构成函数语句。例如： printf ("%d",a);scanf ("%d",&b);都是以函数语句的方式调用函数。

（3）函数实参：函数作为另一个函数调用的实际参数出现。这种情况是把该函数的返回值作为实参进行传送，因此要求该函数必须是有返回值的。例如：printf("%d",max(x,y))；即是把 max 调用的返回值又作为 printf 函数的实参来使用的。

在被调函数中又调用其他函数称为函数的嵌套调用，其关系可表示如图 8-4 所示。

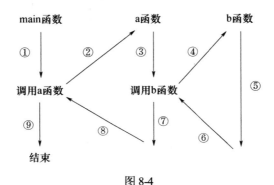

图 8-4

图 8-4 表示了两层嵌套的情形。其执行过程是：执行 main 函数中调用 a 函数的语句时，即转去执行 a 函数，在 a 函数中调用 b 函数时，又转去执行 b 函数，b 函数执行完毕返回 a 函数的断点继续执行，a 函数执行完毕返回 main 函数的断点继续执行。

[例 8-3] 求三个数中的最大值，最小值的和。

```
#include <stdio.h>
//求最大值，最小值，求和值的函数声明
int plus(int x,int y,int z);
int max(int x,int y,int z);
int min(int x,int y,int z);
int main()
{
int a,b,c,d;
    printf("请输入三个整数:");
scanf("%d%d%d",&a,&b,&c);
    d=dif(a,b,c);
printf("max-min=%d\n",d);
}

int plus(int x,int y,int z)  //求差值的函数定义
{
    return max(x,y,z)+min(x,y,z);  /*关键点：在自定义函数中又嵌套调用求最大值和最
```

```
小值的函数*/
}

int max(int x,int y,int z)   //求最大值的函数定义
{
    int r;
    r=x>y?x:y;
    return(r>z?r:z);
}

int min(int x,int y,int z)   //求最小值的函数定义
{
    int r;
    r=x<y?x:y;
    return(r<z?r:z);
}
```

8.2.4　函数声明

在主调函数中调用某函数之前应对该被调函数进行说明（声明），这与使用变量之前要先进行变量说明是一样的。在主调函数中对被调函数作说明的目的是使编译系统知道被调函数返回值的类型，以便在主调函数中按此种类型对返回值作相应的处理。

其一般形式为

类型说明符被调函数名(类型形参，类型形参…);

括号内给出了形参的类型和形参名，或只给出形参类型。这便于编译系统进行检错，以防止可能出现的错误。例 8-2 中 main 函数中对 max 函数的说明为

```
int max(int a,int b);
```

 提　示

■ **函数声明应该在什么位置?**

函数声明可以在函数程序开始，所有函数之外声明，也可以在主调函数内部声明，一般都所有函数之外声明，这样可以使所有调用该函数的主调函数不再作声明，如果在主调函数内部声明，只能保证该函数可以调用。

 提　示

■ **什么情况时可以省去主调函数中对被调函数的函数说明?**

（1）当被调函数的函数定义出现在主调函数之前时，在主调函数中也可以不对被调函数再作说明而直接调用。

（2）对库函数的调用不需要再作说明，但必须把该函数的头文件用 include 命令包含在源文件前部。

8.3 局部变量与全局变量

在讨论函数的形参变量时曾经提到，形参变量只在被调用期间才分配内存单元，调用结束立即释放。这一点表明形参变量只有在函数内才是有效的，离开该函数就不能再使用了。这种变量有效性的范围称变量的作用域。不仅对于形参变量，C语言中所有的量都有自己的作用域。变量说明的方式不同，其作用域也不同。C语言中的变量，按作用域范围可分为两种，即局部变量和全局变量。

8.3.1 局部变量

局部变量也称为内部变量。局部变量是在函数内作定义说明的。其作用域仅限于函数内，离开该函数后再使用这种变量是非法的。

示例如下。

```
 int f1(int a)          /*函数 f1*/
    {
int b,c;
……
    }
   f1 函数中 a,b,c 有效
   int f2(int x)          /*函数 f2*/
    {
int y,z;
    ……
    }
   f2 函数中 x,y,z 有效
   main()
   {
     int m,n;
     ……
   }
   main 函数 m,n 有效
```

在函数 f1 内定义了三个变量，a 为形参，b,c 为一般变量。在 f1 的范围内 a,b,c 有效，或者说 a,b,c 变量的作用域限于 f1 内。同理，x,y,z 的作用域限于 f2 内。m,n 的作用域限于 main 函数内。

 提 示

■ 局部变量使用时应注意的问题？

（1）主函数中定义的变量也只能在主函数中使用，不能在其他函数中使用。同时，主函数中也不能使用其他函数中定义的变量。因为主函数也是一个函数，它与其他函数是平行关系。这一点是与其他语言不同的，应予以注意。

（2）形参变量是属于被调函数的局部变量，实参变量是属于主调函数的局部变量。

（3）允许在不同的函数中使用相同的变量名，它们代表不同的对象，分配不同的单元，互不干扰，也不会发生混淆。如在前例中，形参和实参的变量名都为 n，是完全允许的。

（4）在复合语句中也可定义变量，其作用域只在复合语句范围内。

8.3.2 全局变量

全局变量也称为外部变量，它是在函数外部定义的变量。它不属于哪一个函数，它属于一个源程序文件。其作用域是整个源程序。在函数中使用全局变量，一般应作全局变量说明。只有在函数内经过说明的全局变量才能使用。全局变量的说明符为 extern。但在一个函数之前定义的全局变量，在该函数内使用可不再加以说明。

示例如下。

```
int a,b;          /*外部变量*/
void f1()         /*函数 f1*/
{
  ……
}
float x,y;        /*外部变量*/
int fz()          /*函数 fz*/
{
   ……
}
main()            /*主函数*/
{
   ……
}
```

从上例可以看出 a、 b、 x、 y 都是在函数外部定义的外部变量，都是全局变量。但 x,y 定义在函数 f1 之后，而在 f1 内又无对 x,y 的说明，所以它们在 f1 内无效。a,b 定义在源程序最前面，因此在 f1,f2 及 main 内不加说明也可使用。

[例 8-4] 根据长方体的长、宽、高，求长方体的体积和三个面的面积。

```
#include <stdio.h>
int s1,s2,s3;
int vs( int a,int b,int c)
{
   int v;
   v=a*b*c;
   s1=a*b;
   s2=b*c;
   s3=a*c;
   return v;
}
int main()
{
 int v,l,w,h;
 printf("\ninput length,width and height\n");
 scanf("%d%d%d",&l,&w,&h);
 v=vs(l,w,h);
 printf("\nv=%d,s1=%d,s2=%d,s3=%d\n",v,s1,s2,s3);
}
```

[例 8-5] 形参与实参同名。

```
#include <stdio.h>
max(int a,int b)   /*a,b 为形参变量*/
{
int c;
 c=a>b?a:b;
return(c);
}
int main()
{
int a=8,b=5;  //a，b 为实参变量
 printf("%d\n",max(a,b));
}
```

如果同一个源文件中，形参变量与实参变量同名，运行时系统给它们分配不同的存储空间，它们在各自所在的函数内起作用，所以互不影响。

8.4　不同参数类型的程序举例

8.4.1　基本类型数据作函数的参数

基本类型数据当函数的参数时，参数之间是单向"值传递"。

[例 8-6] 用函数实现求素数的程序。

```
#include<stdio.h>
#include<math.h>
int isprime(int n);  //用户自定义函数声明
int main()
{
    int m,k;
    printf("请输入一个整数: ");
    scanf("%d",&m);
    k=isprime(m);  //函数调用
    if(k==1)
        {
            printf("%d是素数\n",m);
        }
        else
        {
            printf("%d 不是素数\n",m);
        }
}

intisprime(int n)    //函数定义
{
    int k,i,flag=0;
    k=sqrt(n);
    for(i=2;i<=k;i++)
        {
```

```
        if(n%i==0)
        {
            break;
        }
    }
    if(i>=k+1)
    {
        flag=1;
    }
    return flag;
}
```

8.4.2　数组元素作函数的参数

数组元素做实参和普通类型数据做参数一样，都是单向"值传递"。

[例 8-7] 凯撒密码加解密。

程序如下。

```
#include <stdio.h>
char caeser_encrypt_char(char c,int caeser)
{
    char m;
    if(c>='A'&&c<='Z')
    {
        m='A'+(c-'A'+caeser)%26;  //注意此处的对26取模，为什么？
    }
    else if(c>='a'&&c<='z')
    {
        m='a'+(c-'a'+caeser)%26;
    }
    else
    {
        m=c;
    }
    return m;
}
char caeser_decipher_char(char c,int caeser)
{
    char m;
    if(c>='A'&&c<='Z')
    {
        m='A'+(c-'A'+26-caeser)%26;  //注意此处的对26取模，为什么？
    }
    else if(c>='a'&&c<='z')
    {
        m='a'+(c-'a'+26-caeser)%26;
    }
    else
    {
        m=c;
    }
    return m;
```

```
    }

int main()
{
    char s[100];
    int caeser,i,n;
    char m;
    printf("请输入加密密钥（整数）: ");
    scanf("%d",&caeser);
    getchar();                      //这里如果没有此句会怎么样？
    printf("请输入待加密的字符串: ");
    gets(s);
    i=0;
    while(s[i]!='\0')                       //注意此处的循环结构
    {
        s[i]= caeser_encrypt_char(s[i],caeser);
        i++;
    }
    printf("加密结果: %s\n",s);
    i=0;
    while(s[i]!='\0')                       //注意此处的循环结构
    {
        s[i]= caeser_decipher_char(s[i],caeser);
        i++;
    }
    printf("解密结果: %s\n",s);
}
```

8.4.3　数组名作函数的参数

数组名做函数的参数时，传递的是数组的首地址，形参也必须是数组，此时形参和实参指向同一个数组，通过形参数组改变了数组元素，实参数组里的元素也会改变。

[例 8-8] 将例 7-4 的查找算法用函数实现。

程序如下。

```
#include<stdio.h>
int find(int b[],int n,int y);  //函数声明
int main()
{
    int i,x,k;
    int a[10]={1,4,6,9,13,16,19,28,40,100};
    printf("请输入要查找的数: \n");
    scanf("%d",&x);
    k=find(a,10,x); //数组名 a 作为实参传递给形参数组 b，10 是数组的长度
    if(k==-1)
    {
        printf("%d 不在数组中\n",x);
    }
    else
    {
        printf("找到了，%d 位置是数组中的第%d 个\n",x,k);
    }
```

```
}

int find(int b[],int n,int y)
{
    int i;
    for(i=0;i<10;i++)
    {
        if(y==b[i])
        {
            return i+1; //找到时返回该数在数组中的具体位置
//因为数组下标从 0 开始，所以此时的下标 i 要加 1。

        }
    }
    if(i==10)
    {
        return -1; //没找到时返回-1
    }
}
```

[例 8-9] 修改凯撒加密程序，用数组名作函数参数。

```
#include <stdio.h>
char caeser_encrypt_char(char c,int caeser)
{
    char m;
    if(c>='A'&&c<='Z')
    {
        m='A'+(c-'A'+caeser)%26;  //注意此处的对 26 取模，为什么？
    }
    else if(c>='a'&&c<='z')
    {
        m='a'+(c-'a'+caeser)%26;
    }
    else
    {
        m=c;
    }
    return m;
}

char caeser_decipher_char(char c,int caeser)
{
    char m;
    if(c>='A'&&c<='Z')
    {
        m='A'+(c-'A'+26-caeser)%26;  //注意此处的对 26 取模，为什么？
    }
    else if(c>='a'&&c<='z')
    {
        m='a'+(c-'a'+26-caeser)%26;
    }
}
```

```
        else
        {
            m=c;
        }
        return m;
}

void caeser_encrypt(char s[],int caeser)
{
    int i=0;
    while(s[i]!='\0')                     //注意此处的循环结构
    {
        s[i]= caeser_encrypt_char(s[i],caeser);
        i++;
    }
}
void caeser_decipher(char s[],int caeser)
{
    int i=0;
    while(s[i]!='\0')                     //注意此处的循环结构
    {
        s[i]= caeser_decipher_char(s[i],caeser);
        i++;
    }
}

int main()
{
    char message[100];
    int caeser;
    printf("请输入加密密钥（整数）: ");
    scanf("%d",&caeser);
    getchar();                    //这里如果没有此句会怎么样？
    printf("请输入待加密的字符串: ");
    gets(message);
    caeser_encrypt(message,caeser);   //注意此处，加密后 S 数组的值发生了变化。
    printf("加密结果: %s\n", message);
    caeser_decipher(message,caeser);
    printf("解密结果: %s\n", message);
}
```

[例 8-10] 用函数实现数组排序。

```
#include<stdio.h>
void sort(int data[],int n)
{
    int i,j,t;
    for(i=0;i<n-1;i++)          //一共比较了 9 趟，注意此处为什么不是 10
    {
        for(j=i+1;j<n;j++)   //每趟比较 10-(i+1)次，i 是趟数
        {
            if(data[i]<data[j])
```

```
        {
            t=data[i];              //下面三句是数据交换
            data[i]=data[j];
            data[j]=t;
        }
      }
   }
}

void input_int_data(int data[],int n)
{
   int i;
   for(i=0;i<n;i++)              //一共比较了 9 趟，注意此处为什么不是 10
   {
       scanf("%d",&data[i]);
   }
}

void output_int_data(int data[],int n)
{
   int i;
   for(i=0;i<n;i++)              //一共比较了 9 趟，注意此处为什么不是 10
   {
       printf("%4d",data[i]);
   }
   printf("\n");
}

int main()
{
   int a[10];
   int i,j,t;
   printf("请输入十个整数：\n");
   input_int_data(a,10);
   sort(a,10);
   printf("排好序的数据为：\n");
   output_int_data(a,10);
}
```

提　示

■ 什么是"地址传递"，它与"值传递"有何不同？

地址传递是函数调用时，将数据的存储地址作为参数传递给形参，特点如下。

（1）形参与实参占用同样的存储单元。

（2）"双向"传递。

（3）实参和形参必须是地址常量或变量。

注意：数组名即是数组的首地址。如果把数组名当参数传递，即传递的是地址。

提　示

■ **数组名作函数参数时应该注意的问题？**

（1）用数组名作函数参数，应该在主调函数和被调函数分别定义数组，不能只定义在一方。

（2）实参数组与形参数组类型应一致，如不一致，将出错。

（3）在形参中声明数组的大小是不起作用的，因为 C 语言编译系统并不检查形参数组的大小，只是将实参数组的首元素的地址传给形参数组名。因此，形参数组名获得了实参数组的首个元素的地址。

（4）形参数组可以不指定大小，在定义数组时在数组名后面跟一个空的方括号。

思考题

将例 7-5、例 7-6、例 7-7 用函数实现。同时，将数组的增、删、查、改的函数写在一个程序中，在主函数中调用。

8.5　文件包含

对于一个比较大的程序，可以将其分成若干个模块，各个模块用函数实现，但是如果一个程序中的函数太多，可以将其分成多个.cpp 文件，在主函数文件中调用其他文件中的函数。

[例 8-11] 将本章中实现查找，求素数，比较两个数大小的函数放在 mylib.cpp 文件中，编程实现在另一个文件 main.cpp 中通过主函数调用这些函数。

```
mylib.cpp 的文件如下:
  #include <stdio.h>
  #include <math.h>
  int find(int b[],int n,int y)//查找函数
  {
      ……
  }

  int max(int x,int y)  //求大数
{
      ……
  }

  int isprime(int n)      //求素数
  {
      ……
  }

  void sort(int data[],int n)
  {
    ……
  }

  void input_int_data(int data[],int n)
  {
```

```
        … …
    }

    void output_int_data(int data[],int n)
    {
        … …
    }
        … …
```

可以将前面的写好的函数都放在该文件中，形成自己的函数库，这时候就可以在别的文件中调用该库中的函数，只需要在调用前用#include 命令将该文件包含进来。

main.cpp 文件如下。

```
#include <stdio.h>
#include "mylib.cpp" //将 mylib.cpp 包含在此文件中
int main()
{
    int score[10],n,i;
    printf("请输入 10 位同学百分制成绩（整数 0~100）: ");
    input_int_data(score,10);
    for(i=0;i<10;i++)
    {
        n=score[i]/10;
        switch(n)
        {
            case 10:printf("\n 您的成绩是: \"优秀\"\n");break;
            case 9:printf("\n 您的成绩是: \"优秀\"\n");break;
            case 8:printf("\n 您的成绩是: \"良好\"\n");break;
            case 7:printf("\n 您的成绩是: \"中等\"\n");break;
            case 6:printf("\n 您的成绩是: \"及格\"\n");break;
            case 5:printf("\n 您的成绩是: \"不及格\"\n");break;
            case 4:printf("\n 您的成绩是: \"不及格\"\n");break;
            case 3:printf("\n 您的成绩是: \"不及格\"\n");break;
            case 2:printf("\n 您的成绩是: \"不及格\"\n");break;
            case 1:printf("\n 您的成绩是: \"不及格\"\n");break;
            case 0:printf("\n 您的成绩是: \"不及格\"\n");break;
            default:printf("\n 您输入的成绩有误! ");
        }
    }
}
```

提　示

■ #include 中用" "和<>包含的区别？

使用尖括号表示在包含文件目录中去查找(包含目录是由用户在设置环境时设置的，一般是编译系统默认的库文件，在安装目录下)，而不在源文件目录（也就是编写的程序所在的目录）去查找；使用双引号则表示首先在当前的源文件目录中查找，若未找到才到包含目录中去查找。用户编程时可根据自己文件所在的目录来选择某一种命令形式。

上例 mylib.cpp 在源文件所在的目录中，所以此时必须用" "。

8.6 C++中的函数重载

```
void input_int_data(int data[],int n)
{
    int i;
    for(i=0;i<n;i++)            //一共比较了 9 趟，注意此处为什么不是 10
    {
        scanf("%d",&data[i]);
    }
}

void input_float_data(float data[],int n)
{
    int i;
    for(i=0;i<n;i++)            //一共比较了 9 趟，注意此处为什么不是 10
    {
        scanf("%f",&data[i]);
    }
}

void input_double_data(double data[],int n)
{
    int i;
    for(i=0;i<n;i++)            //一共比较了 9 趟，注意此处为什么不是 10
    {
        scanf("%lf",&data[i]);
    }
}
int main()
{
    int i;
    int a[10];
    float b[10];
    double c[10];
    printf("请输入 10 个整数: \n");
    input_int_data(a,10);
    printf("请输入 10 个单精度实数: \n");
    input_float_data(b,10);
    printf("请输入 10 个双精度实数: \n");
    input_double_data(c,10);
    //输出 int 型数组
    //输出 float 型数组
    //输出 double 型数组

}


void input_data(int data[],int n)
{
    int i;
    for(i=0;i<n;i++)            //一共比较了 9 趟，注意此处为什么不是 10
```

```
    {
        scanf("%d",&data[i]);
    }
}

void input_data(float data[],int n)
{
    int i;
    for(i=0;i<n;i++)              //一共比较了 9 趟，注意此处为什么不是 10
    {
        scanf("%f",&data[i]);
    }
}

void input_data(double data[],int n)
{
    int i;
    for(i=0;i<n;i++)              //一共比较了 9 趟，注意此处为什么不是 10
    {
        scanf("%lf",&data[i]);
    }
}

int main()
{
    int i;
    int a[10];
    float b[10];
    double c[10];
    printf("请输入 10 个整数: \n");
    input_data(a,10);
    printf("请输入 10 个单精度实数: \n");
    input_data(b,10);
    printf("请输入 10 个双精度实数: \n");
    input_data(c,10);
    //输出也可用同一个函数名重载
}
```

习　　题

1. 将本章节的所有示例程序在 Visual C++ 6.0 上编辑并运行。

2. 将本章的思考题在 Visual C++ 6.0 上调试运行。

3. 将例 3-2、例 3-6、例 6-2、例 7-2 用函数实现。

4. 编一个名为 root 的函数，求方程 $ax*x + bx +c=0$ 的 $b*b - 4ac$，并作为函数的返回值。其中的 a、b、c 作为函数的形式参数。

5. 编一个函数，若参数 y 为闰年，则返回 1；否则返回 0。

6. 编一个无返回值，名为 root2 的函数，要求如下。

形式参数：a，b，c 单精度实型，root 单精度实型数组名。

功能：计算 $ax*x+bx+c=0$ 的两个实根（设 $b*b-4ac>0$）存入数组 root[2]中。

7. 编一个名为 countc 函数，要求如下。

形式参数：array 存放字符串的字符型数组名。

功能：统计 array 数组中存放的字符串中的大写字母的数目。

返回值：字符串中的大写字母的数目。

8. 编一个名为 link 函数，要求如下。

形式参数：s1[40]，s2[40]，s3[80] 是用于存放字符串字符数组。

功能：将 s2 连接到 s1 后存入 s3 中。

返回值：连接后字符串的长度。

9. 写一函数，使输入的一个字符串按反序存放，在主函数中输入输出字符串。

10. 编写一函数，由实参传来一个字符串，统计此字符串中字母、数字、空格和其他字符的个数，在主函数中输入字符串以及输出上述结果。

11. 写一函数，输入一行字符，将此字符串中最长的单词输出。

12. 写几个函数：①输个职工的姓名和职工号；②按职工号由小到大顺序排序，姓名顺序也随之调整；③要求输入一个职工号，用折半法找出该职工的姓名，从主函数输入要查找的职工号，输出该职工姓名。

第9章　指　针

9.1　指针变量

指针是 C 语言中的一个重要概念。掌握指针的用法，可使程序简洁、高效、灵活。指针看似复杂，但并不难学。

为了了解什么是指针，先看一个小故事。

地下工作者阿金接到上级指令，要去寻找打开密电码的密钥，这是一个整数。几经周折，才探知如下线索：密钥藏在一栋 3 年前就被贴上封条的小楼中。一个风雨交加的夜晚，阿金潜入了小楼，房间很多，不知该进哪一间，正在一筹莫展之际，忽然走廊上的电话铃声响起。艺高人胆大，阿金毫不迟疑，抓起听筒，只听一个陌生人说："去打开 211 房间，那里有线索。"阿金疾步上楼，打开 211 房间，用电筒一照，只见桌子上赫然写着 6 个大字：地址 1000。阿金眼睛一亮，迅速找到 1000 房间，取出数据 66，完成任务。

可用图 9-1 来描述这几个数据之间的关系。

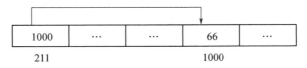

图 9-1　数据存放

说明数据藏在一个内存地址单元中，地址是 1000。

地址 1000 又由 p 单元所指认，p 单元的地址为 211。

66 的直接地址是 1000；66 的间接地址是 211；211 中存的是直接地址 1000。

称 p 为指针变量，1000 是指针变量的值，实际上是有用数据在存储器中的地址。指针变量就是用来存放另一变量地址的变量（变量的指针就是变量的地址）。

9.1.1　指针变量的定义与初始化

指针是一种特殊的变量，特殊性表现在类型和值上。从变量角度看，指针也具有变量的 3 个要素。

变量名：这与一般变量名相同。

指针变量的类型：是指针所指向的变量的类型，而不是自身的类型。

指针的值：是某个变量在内存中的地址，下面的例子是该指针指向一个整数类型的变量，且被初始化为 NULL。

```
int *p=NULL;
```

定义指针变量的一般形式如下。

```
基类型  *指针变量名;
```

定义时指针变量前面的"*"，表示该变量的类型为指针型变量。

一旦指针 p 被定义，系统会为 p 分配一个内存单元，该单元的地址可以用&p 表示（符号 &p 表示 p 的地址）。

 提　示

■ 指针赋值 NULL 的意义？

在 p 中赋予一个符号化的常量 NULL，称之为将指针 p 初始化为 0。在这里整数 0 是 C/C++ 系统唯一一个允许赋给指针类型变量的整数值。除 0 以外的证书值是不允许赋给指针变量的，因为指针变量的数据类型是内存的地址，而不是任何整数。

注意：值为 NULL 的指针不指向任何变量。在定义时让指针初始化为 NULL 可以防止其指向任何未知的内存区域，以避免产生难以预料的错误发生。定义指针并将其初始化为 NULL 是一个值得提倡的好习惯。

9.1.2　指针赋值

给指针赋值，就是将一个内存地址装入指针变量，这件事一做完就意味着指针指向了该内存地址。指针变量同普通变量一样，使用之前不仅要定义说明，而且必须赋予具体的值。未经赋值的指针变量不能使用，否则将造成系统混乱，甚至死机。指针变量的赋值只能赋予地址，决不能赋予任何其他数据，否则将引起错误。在 C 语言中，变量的地址是由编译系统分配的，对用户完全透明，用户不知道变量的具体地址。

两个有关的运算符：

（1）&:取地址运算符；

（2）*：指针运算符（或称"间接访问"运算符）。

C 语言中提供了地址运算符&来表示变量的地址。其一般形式如下。

```
&变量名;
```

C 语言中用"*"表示间接访问符。

引用时指针变量前面的"*"，表示该指针变量所指向的地址的值。

如&a 表示变量 a 的地址，&b 表示变量 b 的地址。变量本身必须预先说明。设有指向整型变量的指针变量 p，如要把整型变量 a 的地址赋予 p 可以有以下两种方式。

（1）指针变量初始化的方法。

```
int a;
    int *p=&a;
```

（2）赋值语句的方法。

```
int a;
    int *p;
```

p=&a;

被赋值的指针变量前不能再加"*"说明符，如写为*p=&a 也是错误的。

9.1.3 指针变量的引用

通过指针访问它所指向的一个变量是以间接访问的形式进行的。

[例 9-1] 指针变量的定义与引用。

```
#include <stdio.h>
int main()
{
int a,b;
  int *pointer_1, *pointer_2; //定义两个指针变量，分别存放 a 和 b 的地址
  a=500;
  b=50;
  pointer_1=&a;
  pointer_2=&b;
  printf("%d,%d\n",a,b);
  printf("%d,%d\n",*pointer_1, *pointer_2);
}
```

对程序的说明如下。

（1）在开头处虽然定义了两个指针变量 pointer_1 和 pointer_2，但它们并未指向任何一个整型变量。只是提供两个指针变量，规定它们可以指向整型变量。程序第 5、6 行的作用就是使 pointer_1 指向 a，pointer_2 指向 b。

（2）最后一行的*pointer_1 和*pointer_2 就是变量 a 和 b。最后两个 printf 函数作用是相同的。

（3）程序中有两处出现*pointer_1 和*pointer_2，请区分它们的不同含义。

（4）程序第 5、6 行的"pointer_1=&a"和"pointer_2=&b"不能写成"*pointer_1=&a"和"*pointer_2=&b"。

思考题 1

（1）如果已经执行了"pointer_1=&a；"语句，则&*pointer_1 是什么含义？

（2）*&a 含义是什么？

[例 9-2] 用指针实现对整型数 a，b 按从大到小排序。

```
#include <stdio.h>
int main()
{
  int *p1,*p2,*p,a,b;
  printf("请输入两个整数: ");
  scanf("%d%d",&a,&b);
  p1=&a;
  p2=&b;
  if(a<b)
    {
      p=p1;   //此时交换的是两个指针变量的值，注意此时的中间变量也是指针变量
      p1=p2;
```

```
        p2=p;
    }
printf("\na=%d,b=%d\n",a,b);
printf("max=%d,min=%d\n",*p1, *p2);
}
```

如果 a<b，交换前 p1、p2 的指向如图 9-2(a)所示，交换后的指向如图 9-2(b)所示。

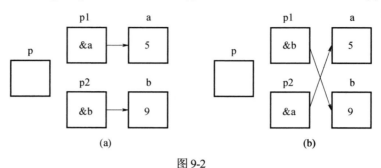

图 9-2

9.2 指针与数组

一个变量有一个地址，一个数组包含若干元素，每个数组元素都在内存中占用存储单元，它们都有相应的地址。所谓数组的指针是指数组的起始地址，数组元素的指针是数组元素的地址。

9.2.1 指向数组元素的指针

一个数组是由连续的一块内存单元组成的。数组名就是这块连续内存单元的首地址。一个数组也是由各个数组元素(下标)组成的。每个数组元素按其类型不同占有几个连续的内存单元。一个数组元素的首地址也是指它所占有的几个内存单元的首地址。

定义一个指向数组元素的指针变量的方法，与以前介绍的指针变量相同。

示例如下。

```
int a[10];    /*定义 a 为包含 10 个整型数据的数组*/
int *p;       /*定义 p 为指向整型变量的指针*/
```

应当注意，因为数组为 int 型，所以指针变量也应为指向 int 型的指针变量。下面是对指针变量赋值。

```
p=&a[0];
```

把 a[0]元素的地址赋给指针变量 p。也就是说，p 指向 a 数组的第 0 号元素。

C 语言规定，数组名代表数组的首地址，也就是第 0 号元素的地址。因此，下面两个语句等价。

```
p=&a[0];
p=a;
```

在定义指针变量时可以赋给初值：

```
int *p=&a[0];
```

它等效于：

```
int *p;
```

```
p=&a[0];
```
当然定义时也可以写成：
```
    int *p=a;
```
从图 9-3 中我们可以看出有以下关系：p,a,&a[0]均指向同一单元，它们是数组 a 的首地址，也是 0 号元素 a[0]的首地址。应该说明的是 p 是变量，而 a,&a[0]都是常量。在编程时应予以注意。

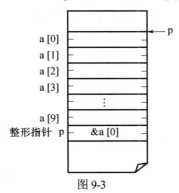

图 9-3

数组指针变量说明的一般形式如下。

类型说明符　*指针变量名。

其中类型说明符表示所指数组的类型。从一般形式可以看出指向数组的指针变量和指向普通变量的指针变量的说明是相同的。

9.2.2　通过指针引用数组元素

C 语言规定：如果指针变量 p 已指向数组中的一个元素，则 p+1 指向同一数组中的下一个元素。引入指针变量后，就可以用两种方法来访问数组元素了。

如果 p 的初值为&a[0]，则：

（1）p+i 和 a+i 就是 a[i]的地址，或者说它们指向 a 数组的第 i 个元素；

（2）*(p+i)或*(a+i)就是 p+i 或 a+i 所指向的数组元素，即 a[i]，例如，*(p+5)或*(a+5)就是 a[5]；

（3）指向数组的指针变量也可以带下标，如 p[i]与*(p+i)等价。

根据以上叙述，引用一个数组元素可以用如下形式。

（1）下标法，即用 a[i]形式访问数组元素。在前面介绍数组时都是采用这种方法。

（2）指针法，即采用*(a+i)或*(p+i)形式，用间接访问的方法来访问数组元素，其中 a 是数组名，p 是指向数组的指针变量，其处值 p=a。

[例 9-3] 输出数组中的全部元素（下标法）。

```
#include <stdio.h>
int main()
{
  int a[10],i;
  for(i=0;i<10;i++)
  {
    a[i]=i;
```

```
    }
    for(i=0;i<10;i++)
    {
        printf("a[%d]=%d\n",i,a[i]);
    }
}
```

[例 9-4] 输出数组中的全部元素（通过数组名计算元素的地址，找出元素的值）。

```
#include <stdio.h>
int main()
{
    int a[10],i;
    for(i=0;i<10;i++)
    {
        *(a+i)=i;  //通过数组首地址计算数组元素的值
    }

    for(i=0;i<10;i++)
    {
        printf("a[%d]=%d\n",i,*(a+i));
    }
}
```

[例 9-5] 输出数组中的全部元素（用指针变量指向元素）。

```
#include<stdio.h>
int main()
{
    int a[10],i,*p;
    p=a;
    for(i=0;i<10;i++)
    {
        *(p+i)=i;
    }
    for(i=0;i<10;i++)
    {
        printf("a[%d]=%d\n",i,*(p+i));
    }
}
```

注意的问题如下。

（1）指针变量可以实现本身的值的改变。如 p++是合法的；而 a++是错误的。因为 a 是数组名，它是数组的首地址，是常量。

（2）要注意指针变量的当前值。请看下面的程序。

[例 9-6] 找出下面程序的错误。

```
#include <stdio.h>
int main()
{
    int *p,i,a[10];
    p=a;
```

```
for(i=0;i<10;i++)
{
  *p++=i;
}
for(i=0;i<10;i++)
{
  printf("a[%d]=%d\n",i,*p++);
}
}
```

[例 9-7] 程序改错。

```
#include <stdio.h>
int main()
{
  int *p,i,a[10];
  p=a;
  for(i=0;i<10;i++)
  {
    *p++=i;
  }
  p=a;　//注意此语句的作用，让指针重新回到数组的起始位置
  for(i=0;i<10;i++)
  {
    printf("a[%d]=%d\n",i,*p++);
  }
}
```

（3）从上例可以看出，虽然定义数组时指定它包含 10 个元素，但指针变量可以指到数组以后的内存单元，系统并不认为非法。

（4）*p++，由于++和*同优先级，结合方向自右而左，等价于*(p++)。

（5）*(p++)与*(++p)作用不同。若 p 的初值为 a，则*(p++)等价 a[0]，*(++p)等价 a[1]。

（6）(*p)++表示 p 所指向的元素值加 1。

（7）如果 p 当前指向 a 数组中的第 i 个元素，则

```
*(p--)相当于a[i--];
*(++p)相当于a[++i];
*(--p)相当于a[--i]。
```

9.3　指向字符串的指针变量

9.3.1　字符串的表示形式

在 C 语言中，可以用两种方法访问一个字符串。

[例 9-8] 用两种方法输出一个字符串。

（1）用字符数组存放一个字符串，然后输出该字符串。

```
#include <stdio.h>
int main()
{
```

```
  char string[]="I love China!";
  printf("%s\n",string);
}
```

说明：和前面介绍的数组属性一样，string 是数组名，它代表字符数组的首地址。

（2）用字符串指针指向一个字符串。

```
#include <stdio.h>
int main()
{
  char *string="I love China!";
  printf("%s\n",string);
}
```

字符串指针变量的定义说明与指向字符变量的指针变量说明是相同的。只能按对指针变量的赋值不同来区别。对指向字符变量的指针变量应赋予该字符变量的地址。如：

```
    char c,*p=&c;
```

表示 p 是一个指向字符变量 c 的指针变量。而：

```
    char *s="C Language";
```

则表示 s 是一个指向字符串的指针变量。把字符串的首地址赋予 s。

上例中，首先定义 string 是一个字符指针变量，然后把字符串的首地址赋予 string(应写出整个字符串，以便编译系统把该串装入连续的一块内存单元)，并把首地址送入 string。

程序中的：

```
char *ps="C Language";
```

等效于：

```
char *ps;
ps="C Language";
```

[例 9-9] 输出字符串中 n 个字符后的所有字符。

```
#include <stdio.h>
int main()
{
  char *ps="this is a book";
  int n=10;
  ps=ps+n;
  printf("%s\n",ps);
}
```

运行结果为

```
book
```

在程序中对 ps 初始化时，即把字符串首地址赋予 ps，当 ps= ps+10 之后，ps 指向字符 'b'，因此输出为"book"。

[例 9-10] 在输入的字符串中查找有无 'k' 字符。

```
#include <stdio.h>
int main()
{
  char st[20],*ps;
  int i;
  printf("请输入一行字符串:\n");
```

```
    ps=st;
    scanf("%s",ps);
    for(i=0;ps[i]!='\0';i++)
    {
      if(ps[i]=='k')
      {
        printf("k在所要找的字符串里\n");
        break;
      }
    }
    if(ps[i]=='\0')
    {
      printf("k不在所要找的字符串里\n");
    }
  }
```

9.3.2　使用字符串指针变量与字符数组的区别

用字符数组和字符指针变量都可实现字符串的存储和运算。但是两者是有区别的。在使用时应注意以下几个问题。

（1）字符串指针变量本身是一个变量，用于存放字符串的首地址。而字符串本身是存放在以该首地址为首的一块连续的内存空间中并以 '\0' 作为串的结束。字符数组是由于若干个数组元素组成的，它可用来存放整个字符串。

（2）对字符串指针方式

`char *ps="C Language";`

可以写为

```
char *ps;
ps="C Language";
```

而对数组方式：

`char st[]={"C Language"};`

不能写为

```
    char st[20];
    st={"C Language"};
```

而只能对字符数组的各元素逐个赋值。

从以上几点可以看出字符串指针变量与字符数组在使用时的区别，同时也可看出使用指针变量更加方便。前面说过，当一个指针变量在未取得确定地址前使用是危险的，容易引起错误。但是对指针变量直接赋值是可以的。因为 C 系统对指针变量赋值时要给以确定的地址。因此，

```
    char *ps="C Langage";
```

或者

```
    char *ps;
    ps="C Language";
```

都是合法的。

9.4 指针与函数

9.4.1 指向基本类型的指针变量作函数参数

函数的参数不仅可以是整型、实型、字符型等数据，还可以是指针类型。它的作用是将一个变量的地址传送到另一个函数中。

[例 9-11] 题目同例 9-2，即输入的两个整数按大小顺序输出。今用函数处理，而且用指针类型的数据作函数参数。

```c
#include <stdio.h>
swap(int *p1,int *p2)
{
  int temp;
  temp=*p1;
  *p1=*p2;
  *p2=temp;
}
int main()
{
  int a,b;
  int *pointer_1,*pointer_2;
  printf("请输入两个整数: \n");
  scanf("%d%d",&a,&b);
  pointer_1=&a;
  pointer_2=&b;
  if(a<b)
  {
    swap(pointer_1,pointer_2);
  }
  printf("从大到小输出的顺序为: %d,%d\n",a,b);
}
```

程序的交换流程如图 9-4 所示。

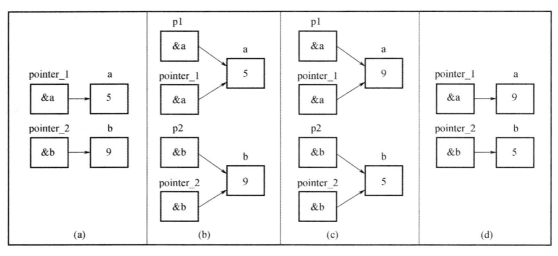

图 9-4

对程序的说明如下。

swap 是用户定义的函数，它的作用是交换两个变量（a 和 b）的值。swap 函数的形参 p1、p2 是指针变量。程序运行时，先执行 main 函数，输入 a 和 b 的值。然后将 a 和 b 的地址分别赋给指针变量 pointer_1 和 pointer_2，使 pointer_1 指向 a，pointer_2 指向 b。

接着执行 if 语句，由于 a<b，因此执行 swap 函数。注意实参 pointer_1 和 pointer_2 是指针变量，在函数调用时，将实参变量的值传递给形参变量。采取的依然是"值传递"方式。因此虚实结合后形参 p1 的值为&a，p2 的值为&b。这时 p1 和 pointer_1 指向变量 a，p2 和 pointer_2 指向变量 b。

接着执行 swap 函数的函数体使*p1 和*p2 的值互换，也就是使 a 和 b 的值互换。

函数调用结束后，p1 和 p2 不复存在（已释放）如图 d。

最后在 main 函数中输出的 a 和 b 的值是已经交换过的值。

思考题 2

请找出下列程序段的错误：
```
swap(int *p1,int *p2)
{int *temp;
 *temp=*p1;
*p1=*p2;
 *p2=temp;
 }
```
请考虑下面的函数能否实现 a 和 b 互换。
```
swap(int x,int y)
{int temp;
 temp=x;
 x=y;
 y=temp;
 }
```
如果在 main 函数中用"swap(a,b);"调用 swap 函数，会有什么结果呢？

9.4.2　指向数组的指针变量作函数参数

数组名可以作函数的实参和形参。如：
```
int main()
{int array[10];
   ……
   ……
 f(array,10);
……
   ……
 }

f(int arr[],int n);
    {
……
   ……
 }
```

array 为实参数组名，arr 为形参数组名。在学习指针变量之后就更容易理解这个问题了。数组名就是数组的首地址，实参向形参传送数组名实际上就是传送数组的地址，形参得到该地址后也指向同一数组。这就好象同一件物品有两个彼此不同的名称一样。同样，指针变量的值也是地址，数组指针的值即为数组的首地址，当然也可作为函数的参数使用。

[例 9-12] 用指针变量做函数的参数实现求数组的平均值。

```
#include <stdio.h>
float aver(float *pa,int n);
int main(){
  float sco[5],av,*sp;
  int i;
  sp=sco;
  printf("输入 5 个成绩:\n");
  for(i=0;i<5;i++)
  {
    scanf("%f",&sco[i]);
  }
  av=aver(sp,5);
  printf("平均成绩是: %5.2f",av);
}
float aver(float *pa,int n)
{
  int i;
  float av,s=0;
  for(i=0;i<n;i++)
  {
    s=s+(*pa++);
  }
  av=s/n;
  return av;
}
```

[例 9-13] 将数组 a 中的 n 个整数按相反顺序存放。

算法为：将 a[0] 与 a[n-1] 对换，再 a[1] 与 a[n-2] 对换……，直到将 a[(n-1/2)] 与 a[n-int ((n-1)/2)] 对换。用循环处理此问题，设两个"位置指示变量" i 和 j，i 的初值为 0，j 的初值为 n-1。将 a[i] 与 a[j] 交换，然后使 i 的值加 1，j 的值减 1，再将 a[i] 与 a[j] 交换，直到 i=(n-1)/2 为止。

```
#include <stdio.h>
void inv(int *x,int n)   /*形参 x 为指针变量*/
{
int *p,temp,*i,*j,m=(n-1)/2;
i=x;
j=x+n-1;
p=x+m;
for(;i<=p;i++,j--)
{
  temp=*i;
  *i=*j;
  *j=temp;
}
return;
}
```

```
int main()
{
 int i,a[10]={3,7,9,11,0,6,7,5,4,2};
 printf("数组的原顺序为:\n");
 for(i=0;i<10;i++)
 {
    printf("%d,",a[i]);
 }
 printf("\n");
 inv(a,10);
 printf("数组逆序后的顺序为:\n");
 for(i=0;i<10;i++)
 {
    printf("%d,",a[i]);
 }
 printf("\n");
}
```

9.4.3　字符串指针作函数的参数

[例 9-14] 本例是把字符串指针作为函数参数的使用。要求把一个字符串的内容复制到另一个字符串中，并且不能使用 strcpy 函数。

函数 cprstr 的形参为两个字符指针变量。pss 指向源字符串，pds 指向目标字符串。注意表达式：(*pds=*pss)!='\0'的用法。

```
#include <stdio.h>
cpystr(char *pss,char *pds)
{
  while(*pss!='\0')
  {
     *pds=*pss;
     pds++;
     pss++;
  }
  *pds='\0';
}
int main()
{
  char *pa="CHINA",b[10],*pb;
  pb=b;
  cpystr(pa,pb);
  printf("string a=%s\nstring b=%s\n",pa,pb);
}
```

在本例中，程序完成了两项工作：一是把 pss 指向的源字符串复制到 pds 所指向的目标字符串中；二是判断所复制的字符是否为 '\0'，若是则表明源字符串结束，不再循环。否则，pds 和 pss 都加 1，指向下一字符。在主函数中，以指针变量 pa,pb 为实参，分别取得确定值后调用 cprstr 函数。由于采用的指针变量 pa 和 pss,pb 和 pds 均指向同一字符串，因此在主函数和 cprstr 函数中均可使用这些字符串。

思考题 3

将上例中的拷贝函数进一步简化。

提示： while 后面的判断语句可以写成(*pds=*pss)!='\0'，此时不需要在最后再给*pds 赋值 '\0'。

习　　题

1. 将本章的所有示例程序在 Visual C++ 6.0 上编辑并运行。

2. 将本章的思考题在 Visual C++ 6.0 上调试运行。

3. 编一函数　void sum_sub(float a,float b,float *sum,float *sub)，其功能是：对传递过来的两个浮点数分别求其和与差，并通过形参将和与差传递给调用函数。

4. 编写函数 void move(int *m,int n)，其功能是：将有 n 个元素的一维数组的各元素向后一个位置。比如，若有数组 m[4]={90,61,92,79}；则执行 move(m,4)后，m 的元素存放顺序应变为 79，90，61，92。

5. 有一字符串，包含 n 个字符。写一函数，将此字符串中从第 m 个字符开始的全部字符复制成为另一个字符串。

6. 编写函数 mystrcmp(char *a,char *b)，其功能为：比较两个字符串的大小。

7. 写一函数，将一个 3×3 的矩阵转置。

8. 编写一个程序，将字符数组 s2 中的全部字符复制到字符数组 s1 中。不用 strcpy 函数。复制时，\0 也要复制过去，它后面的字符不复制（使用指针）。

9. 写一函数，将两个字符串连接（用指针完成）。

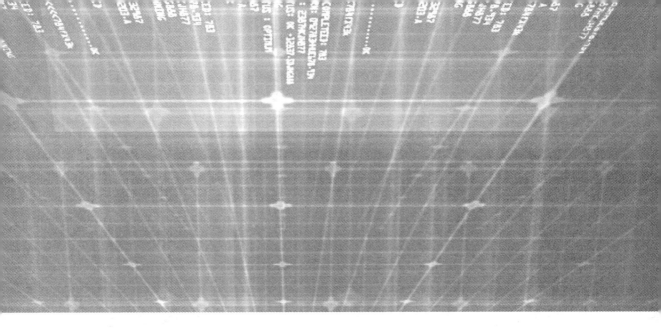

第三篇　高级篇

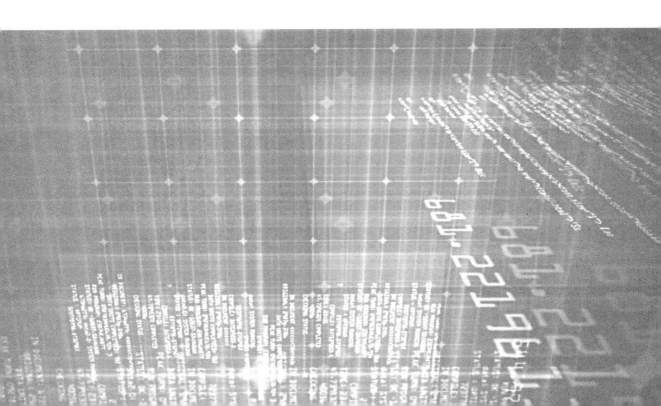

第 **10** 章 二维数组定义与应用

　　前面介绍的数组只有一个下标，称为一维数组，其数组元素也称为单下标变量。在实际问题中有很多量是二维的或多维的，因此 C 语言允许构造多维数组。多维数组元素有多个下标，以标识它在数组中的位置，所以也称为多下标变量。

10.1　二维数组的定义

　　二维数组定义的一般形式如下。

类型说明符数组名[常量表达式1][常量表达式2]

　　其中常量表达式 1 表示第一维下标的长度，常量表达式 2 表示第二维下标的长度。例如：

```
int a[3][4];
```

　　说明了一个三行四列的数组，数组名为 a，其下标变量的类型为整型。该数组的下标变量共有 3×4 个，即：

　　a[0][0]，a[0][1]，a[0][2]，a[0][3]，a[1][0]，a[1][1]，a[1][2]，a[1][3]，a[2][0]，a[2][1]，a[2][2]，a[2][3]

　　二维数组在概念上是二维的，即是说其下标在两个方向上变化，下标变量在数组中的位置也处于一个平面之中，而不是象一维数组只是一个向量。但是，实际的硬件存储器却是连续编址的，也就是说存储器单元是按一维线性排列的。

提　示

■ 如何在一维存储器中存放二维数组？

可有两种方式：

一种是按行排列，即放完一行之后顺次放入第二行；

另一种是按列排列，即放完一列之后再顺次放入第二列。

在 C 语言中，二维数组是按行排列的。即：先存放 a[0]行，再存放 a[1]行，最后存放 a[2]行。每行中有四个元素也是依次存放。

10.2　二维数组元素的引用

二维数组的元素也称为双下标变量，其表示的形式为

数组名[下标][下标]

其中下标应为整型常量或整型表达式。例如：

```
a[3][4]
```

表示 a 数组三行四列的元素。下标变量和数组说明在形式中有些相似，但这两者具有完全不同的含义。数组说明的方括号中给出的是某一维的长度，即可取下标的最大值；而数组元素中的下标是该元素在数组中的位置标识。前者只能是常量，后者可以是常量，变量或表达式。

[例 10-1] 求 3*3 矩阵的正对角线之和。

```c
#include<stdio.h>
int main()
{
    int a[3][3],i,j,sum=0;
    for(i=0;i<3;i++)
    {
        for(j=0;j<3;j++)
        {
            if(i==j)
            sum=sum+a[i][j];
        }
    }
}
```

思考题 1

将上例中的求正对角线之和改为求反对角线，编程实现。

[例 10-2] 一个学习小组有 5 个人，每个人有三门课的考试成绩。求全组分科的平均成绩和各科总平均成绩。

	张	王	李	赵	周
Math	80	61	59	85	76
C	75	65	63	87	77
Foxpro	92	71	70	90	85

可设一个二维数组 a[5][3]存放五个人三门课的成绩。再设一个一维数组 v[3]存放所求得各分科平均成绩，设变量 average 为全组各科总平均成绩。编程如下：

```c
#include <stdio.h>
int main( )
{
  int i,j,s=0,average,v[3],a[5][3];
  printf("请输入十五个成绩: \n");
  for(i=0;i<3;i++)
  {
      for(j=0;j<5;j++)
```

```
        {
          scanf("%d",&a[j][i]);
          s=s+a[j][i];
        }
          v[i]=s/5;
          s=0;
        }
    average =(v[0]+v[1]+v[2])/3;
    printf("Math:%d\n C:%d\n Foxpro:%d\n",v[0],v[1],v[2]);
    printf("total:%d\n", average );
}
```

程序中首先用了一个双重循环。在内循环中依次读入某一门课程的各个学生的成绩,并把这些成绩累加起来,退出内循环后再把该累加成绩除以 5 送入 v[i]之中,这就是该门课程的平均成绩。外循环共循环三次,分别求出三门课各自的平均成绩并存放在 v 数组之中。退出外循环之后,把 v[0],v[1],v[2]相加除以 3 即得到各科总平均成绩。最后按题意输出各门成绩。

10.3 二维数组的初始化

二维数组初始化也是在类型说明时给各下标变量赋以初值。二维数组可按行分段赋值,也可按行连续赋值。例如对数组 a[5][3]:

(1) 按行分段赋值可写为

```
    int a[5][3]={ {80,75,92},{61,65,71},{59,63,70},{85,87,90},{76,77,85} };
```

(2) 按行连续赋值可写为

```
    int a[5][3]={ 80,75,92,61,65,71,59,63,70,85,87,90,76,77,85};
```

这两种赋初值的结果是完全相同的。

(3) 可以只对部分元素赋初值,未赋初值的元素自动取 0 值,例如:

```
    int a[3][3]={{1},{2},{3}};
```

是对每一行的第一列元素赋值,未赋值的元素取 0 值,赋值后各元素的值为

```
    1 0 0
    2 0 0
    3 0 0
    int a [3][3]={{0,1},{0,0,2},{3}};
```

赋值后的元素值为

```
    0 1 0
    0 0 2
    3 0 0
```

(4) 如对全部元素赋初值,则第一维的长度可以不给出,例如:

```
    int a[3][3]={1,2,3,4,5,6,7,8,9};
```

可以写为

```
    int a[][3]={1,2,3,4,5,6,7,8,9};
```

(5) 数组是一种构造类型的数据。二维数组可以看作是由一维数组的嵌套而构成的。设一维数组的每个元素都又是一个数组,就组成了二维数组。当然,前提是各元素类型必须相同。根据这样的分析,一个二维数组也可以分解为多个一维数组。C 语言允许这种分解。

如二维数组 a[3][4]，可分解为三个一维数组，其数组名分别为：a[0]、a[1]、a[2] ，对这三个一维数组不需另作说明即可使用。这三个一维数组都有 4 个元素，例如：

一维数组 a[0]的元素为 a[0][0]，a[0][1]，a[0][2]，a[0][3]。

必须强调的是，a[0]，a[1]，a[2]不能当作下标变量使用，它们是数组名，不是一个单纯的下标变量。

10.4　二维数组程序举例

[例 10-3] 在二维数组 a 中选出各行最大的元素组成一个一维数组 b。

本题的编程思路是，在数组 A 的每一行中寻找最大的元素，找到之后把该值赋予数组 B 相应的元素即可。程序如下：

```
#include <stdio.h>
int main()
{
    int a[][4]={3,16,87,65,4,32,11,108,10,25,12,27};
    int b[3],i,j,l;
    for(i=0;i<=2;i++)
      {
      l=a[i][0];
      for(j=1;j<=3;j++)
        {
      if(a[i][j]>l)
           {
               l=a[i][j];
           }
        }
      b[i]=l;
      }
    printf("\narray a:\n");
    for(i=0;i<=2;i++)
      {
        for(j=0;j<=3;j++)
        {
        printf("%5d",a[i][j]);
    }
        printf("\n");
      }
      printf("\narray b:\n");
    for(i=0;i<=2;i++)
    {
        printf("%5d",b[i]);
    }
    printf("\n");
}
```

程序中第一个 for 语句中又嵌套了一个 for 语句组成了双重循环。外循环控制逐行处理，并把每行的第 0 列元素赋予 l。进入内循环后，把 l 与后面各列元素比较，并把比 l 大者赋予 l。内循环结束时 l 即为该行最大的元素，然后把 l 值赋予 b[i]。等外循环全部完成时，数组 b 中已装入了 a 各行中的最大值。后面的两个 for 语句分别输出数组 a 和数组 b。

思考题 2

编程实现找出二维数组中最大一个元素。

[例 10-4] 将五个人的姓名按字母顺序排列输出。

本题编程思路如下：五个人名应由一个二维字符数组来处理。然而 C 语言规定可以把一个二维数组当成多个一维数组处理。因此本题又可以按五个一维数组处理，而每一个一维数组就是一个人姓名的字符串。用字符串比较函数比较各一维数组的大小，并排序，输出结果即可。

编程如下：

```c
#include <stdio.h>
#include <string.h>
int main()
{
    char st[20],cs[5][20];
    int i,j,p;
    printf("请输入姓名:\n");
    for(i=0;i<5;i++)
    {
        gets(cs[i]);
    }
    printf("\n");
    for(i=0;i<5;i++)
      {
         p=i;
        strcpy(st,cs[i]);
         for(j=i+1;j<5;j++)
         {
           if(strcmp(cs[j],st)<0)
           {
             p=j;
             strcpy(st,cs[j]);
           }
         }
    if(p!=i)
      {
        strcpy(st,cs[i]);
        strcpy(cs[i],cs[p]);
        strcpy(cs[p],st);
      }
    puts(cs[i]);
      }
    printf("\n");
}
```

本程序的第一个 for 语句中，用 gets 函数输入五个人姓名的字符串。上面说过 C 语言允许把一个二维数组按多个一维数组处理，本程序说明 cs[5][20]为二维字符数组，可分为五个一维数组 cs[0]，cs[1]，cs[2]，cs[3]，cs[4]。因此在 gets 函数中使用 cs[i]是合法的。在第二个 for 语句中又嵌套了一个 for 语句组成双重循环。这个双重循环完成按字母顺序排序的工作。在外层循环中把字符数组 cs[i]中的人名字符串复制到数组 st 中，并把下标 i 赋予 P。进入内层循环后，把 st 与 cs[i]以后的各字符串作比较，若有比 st 小者则把该字符串拷贝到 st 中，并把其下标赋予 p。内循环完成后如 p 不等于 i 说明有比 cs[i]更小的字符串出现，因此交换 cs[i]和 st 的内容。至此已确定了数组 cs 的第 i 号元素的排序值。然后输出该字符串。在外循环全部完成之后即完成全部排序和输出。

[例 10-5] 用二维数组实现对矩阵进行转置。

例如：

$$a=\begin{Bmatrix}1 & 2 & 3\\4 & 5 & 6\end{Bmatrix} \qquad b=\begin{Bmatrix}1 & 4\\2 & 5\\3 & 6\end{Bmatrix}$$

```c
#include <stdio.h>
int main()
  {
    int a[2][3]={{1,2,3},{4,5,6}};
    int b[3][2],i,j;
    printf("array a:\n");
    for (i=0;i<=1;i++)
     {
        for (j=0;j<=2;j++)
          {
            printf("%5d",a[i][j]);
            b[j][i]=a[i][j];      //将交换后的结果赋值给b数组
          }
        printf("\n");
     }
printf("array b:\n");
for (i=0;i<=2;i++)
  {
    for(j=0;j<=1;j++)
    {
    printf("%5d",b[i][j]);
    }
    printf("\n");
  }
}
```

习　　题

1. 将本章节的所有示例程序在 Visual C++ 6.0 上编辑并运行。
2. 将本章的思考题在 Visual C++ 6.0 上调试运行。
3. 求一个 3*3 矩阵所有元素之和。
4. 求一个 3*3 矩阵次对角线元素之和。
5. 将二维数组行列元素互换，存到另一数组中。
6. 求二维数组中最大元素值及其行列号。

7. 打印出杨辉三角形（要求输出 10 行）。

```
1
1
1   2   1
1   3   3   1
1   4   6   4   1
1   5   10  10  5   1
.   .   .   .   .   .
.   .   .   .   .   .
.   .   .   .   .   .
```

8. 编一个程序，在 4 行 5 列的二维数组中找出第一次出现的负数。

第 11 章　结构体与链表

11.1　为什么需要结构体

　　在实际问题中，一组数据往往具有不同的数据类型。例如，在学生登记表中，姓名应为字符型数组；性别应为字符型；成绩可为整型或实型。显然不能用一个数组来存放这一组数据，因为数组中各元素的类型和长度都必须一致，以便于编译系统处理。那么用前面所学的知识，如果需要定义三个这样的学生，需要这样写程序：

```
#include <stdio.h>

int main()
{
char name1[20];
int  age1;
float score1;

char name2[20];
int  age2;
float score2;

char name3[20];
int  age3;
float score3;

return 0;
}
```

　　对于这样的定义方式，我们可以发现，如果学生的数量很多，程序的定义过程将会非常繁琐，而且在对每个学生的属性赋值或引用时很容易出现交叉引用的错误。比如，由于程序中书写的错误，第一个学生的姓名可能对应输出了第三个学生的成绩。所以，应该将每一个学生的属性作为一个整体来处理。

　　为了解决这个问题，C语言中给出了另一种构造数据类型——"结构（structure）"或叫"结构体"。它相当于其他高级语言中的记录。"结构"是一种构造类型，它是由若干"成员"组成的。每一个成员可以是一个基本数据类型或者又是一个构造类型。结构既然是一种"构造"而成的数据类型，那么在说明和使用之前必须先定义它，也就是构造它。如同在说明和调用函数之前要先定义函数一样。这样，我们可以将上面的程序写成这样：

```
#include <stdio.h>

struct student{
    char   name[20];
    int    age;
    float score;
}

int main()
{
struct student s1,s2,s3;
    //或者用结构体数组实现 struct student s[3];
return 0;
}
```

这样，就可以将每个学生当成一个整体来处理，并且定义和修改比较方便。下节开始将重点介绍结构体的创建和应用。

11.2　结构体的创建

结构体类型主要是为了表示复杂事务的多个属性而设计的，该事务的多个属性需要当成一个整体处理，简单的说，就是为了模拟一个复杂的事物，将一些现有的数据类型组合到一起，形成了一种新的数据类型，就叫做结构体数据类型。例如：学生的属性包括姓名、性别、年龄、成绩等；电视机的属性包括品牌、型号、大小、颜色等。如果将每种事物的属性单独定义，然后将它们放在一起，就形成了该事物的结构体类型，在结构体里，这些属性被称为成员。不同的事物有不同的成员，所以，不同的事物需要创建不同的结构体类型，然后再根据创建好的结构体类型定义相应的变量。

声明一个结构体的一般形式为

struct 结构名
　　{成员表列};

成员表列由若干个成员组成，每个成员都是该结构体的一个组成部分。对每个成员也必须作类型说明，其形式为

类型说明符成员名;

成员名的命名应符合标识符的书写规定。例如：

```
struct stu
{
    int num;
    char name[20];
    char sex;
    float score;
};
```

在这个结构体定义中，结构体名为 stu，该结构体由 4 个成员组成。第一个成员为 num，整型变量；第二个成员为 name，字符数组；第三个成员为 sex，字符变量；第四个成员为 score，

实型变量。应注意在括号后的分号是不可少的。结构体定义之后，即可进行变量说明。凡说明为结构体 stu 的变量都由上述 4 个成员组成。由此可见，结构体是一种复杂的数据类型，是数目固定，类型不同的若干有序变量的集合。

11.3 结构体类型变量的说明

说明结构体变量有以下三种方法。以上面定义的 stu 为例来加以说明。

（1）先定义结构体，再说明结构体变量。

如：

```
struct stu
    {
        int num;
        char name[20];
        char sex;
        float score;
    };
    struct stu boy1,boy2;
```

说明了两个变量 boy1 和 boy2 为 stu 结构体类型。也可以用宏定义使一个符号常量来表示一个结构体类型。例如：

```
#define STU struct stu
STU
    {
        int num;
        char name[20];
        char sex;
        float score;
    };
STU boy1,boy2;
```

（2）在定义结构体类型的同时说明结构体变量。

例如：

```
struct stu
    {
        int num;
        char name[20];
        char sex;
        float score;
}boy1,boy2;
```

这种形式的说明的一般形式为

```
struct 结构体名
    {
成员表列
}变量名表列;
```

（3）直接说明结构体变量。

例如：

```
struct
```

```
    {
        int num;
        char name[20];
        char sex;
        float score;
}boy1,boy2;
```

这种形式的说明的一般形式为

```
struct
    {
成员表列
}变量名表列;
```

第三种方法与第二种方法的区别在于第三种方法中省去了结构体名，而直接给出结构体变量。三种方法中说明的 boy1,boy2 变量都具有图 11-1 所示的结构体。

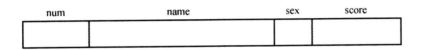

图 11-1

说明了 boy1,boy2 变量为 stu 类型后，即可向这两个变量中的各个成员赋值。在上述 stu 结构体定义中，所有的成员都是基本数据类型或数组类型。

成员也可以又是一个结构体，即构成了嵌套的结构体。图 11-2 给出了另一个数据结构体。

num	name	sex	birthday			score
			month	day	year	

图 11-2

按图 11-2 可给出以下结构体定义：

```
struct date
{
    int month;
    int day;
    int year;
};
    struct{
    int num;
    char name[20];
    char sex;
    struct date birthday;
    float score;
}boy1,boy2;
```

首先定义一个结构体 date，由 month(月)、day(日)、year(年) 三个成员组成。在定义并说明变量 boy1 和 boy2 时，其中的成员 birthday 被说明为 data 结构体类型。成员名可与程序中其他变量同名，互不干扰。

11.4　结构体变量成员的表示方法

在程序中使用结构体变量时，往往不把它作为一个整体来使用。在 ANSI C 中除了允许具有相同类型的结构体变量相互赋值以外，一般对结构体变量的使用，包括赋值、输入、输出、运算等都是通过结构体变量的成员来实现的。表示结构体变量成员的一般形式如下。

结构体变量名.成员名

例如：

```
boy1.num        即第一个人的学号
boy2.sex        即第二个人的性别
```

如果成员本身又是一个结构体则必须逐级找到最低级的成员才能使用。例如：

boy1.birthday.month 即第一个人出生的月份成员可以在程序中单独使用，与普通变量完全相同。

11.5　结构体变量的赋值

结构体变量的赋值就是给各成员赋值。可用输入语句或赋值语句来完成。

[例 11-1]　给结构体变量赋值并输出其值。

```c
#include <stdio.h>
int main()
{
    struct stu
    {
      int num;
      char *name;
      char sex;
      float score;
    } boy1,boy2;
    boy1.num=102;
    boy1.name="Zhang ping";
    printf("input sex and score\n");
    scanf("%c %f",&boy1.sex,&boy1.score);
    boy2=boy1;
    printf("Number=%d\nName=%s\n",boy2.num,boy2.name);
    printf("Sex=%c\nScore=%f\n",boy2.sex,boy2.score);
}
```

本程序中用赋值语句给 num 和 name 两个成员赋值，name 是一个字符串指针变量。用 scanf 函数动态地输入 sex 和 score 成员值，然后把 boy1 的所有成员的值整体赋予 boy2。最后分别输出 boy2 的各个成员值。本例表示了结构体变量的赋值、输入和输出的方法。

11.6　结构体变量的初始化

和其他类型变量一样，对结构体变量可以在定义时进行初始化赋值。

[例 11-2] 对结构体变量初始化。

```
#include <stdio.h>
int main()
{
    struct stu      /*定义结构体*/
    {
      int num;
      char *name;
      char sex;
      float score;
    }boy2,boy1={102,"Zhang ping",'M',78.5};
 boy2=boy1;
printf("Number=%d\nName=%s\n",boy2.num,boy2.name);
 printf("Sex=%c\nScore=%f\n",boy2.sex,boy2.score);
 }
```

本例中，boy2,boy1 均被定义为外部结构体变量，并对 boy1 作了初始化赋值。在 main 函数中，把 boy1 的值整体赋予 boy2，然后用两个 printf 语句输出 boy2 各成员的值。

11.7 结构体数组的定义

数组的元素也可以是结构体类型的。因此可以构成结构体型数组。结构体数组的每一个元素都是具有相同结构体类型的下标结构体变量。在实际应用中，经常用结构体数组来表示具有相同数据结构体的一个群体。如一个班的学生档案，一个车间职工的工资表等。方法和结构体变量相似，只需说明它为数组类型即可。

例如：
```
struct stu
    {
        int num;
        char *name;
        char sex;
        float score;
}boy[5];
```

定义了一个结构体数组 boy，共有 5 个元素，boy[0]～boy[4]。每个数组元素都具有 struct stu 的结构体形式。对结构体数组可以作初始化赋值。

例如：
```
#include <stdio.h>
struct stu
    {
        int num;
        char *name;
        char sex;
        float score;
    }boy[5]={
        {101,"Li ping","M",45},
        {102,"Zhang ping","M",62.5},
        {103,"He fang","F",92.5},
        {104,"Cheng ling","F",87},
        {105,"Wang ming","M",58};
```

}

当对全部元素作初始化赋值时，也可不给出数组长度。

[例 11-3] 计算学生的平均成绩和不及格的人数。

```
struct stu
{
    int num;
    char *name;     char sex;
    float score;
}boy[5]={
        {101,"Li ping",'M',45},
        {102,"Zhang ping",'M',62.5},
        {103,"He fang",'F',92.5},
        {104,"Cheng ling",'F',87},
        {105,"Wang ming",'M',58},
        };
int main()
{
    int i,c=0;
    float ave,s=0;
    for(i=0;i<5;i++)
    {
      s+=boy[i].score;
      if(boy[i].score<60) c=c+1;
    }
    printf("s=%f\n",s);
    ave=s/5;
    printf("average=%f\ncount=%d\n",ave,c);
}
```

本例程序中定义了一个外部结构体数组 boy，共 5 个元素，并作了初始化赋值。在 main 函数中用 for 语句逐个累加各元素的 score 成员值存于 s 之中，如 score 的值小于 60(不及格)即计数器 C 加 1，循环完毕后计算平均成绩，并输出全班总分，平均分及不及格人数。

思考题 1

将上例中的求不及格人数改为输出不及格人的姓名及不及格的成绩，编程实现。

[例 11-4] 建立同学通讯录。

```
#include"stdio.h"
#define NUM 3
struct mem
{
    char name[20];
    char phone[10];
};
int main()
{
    struct mem man[NUM];
    int i;
    for(i=0;i<NUM;i++)
```

```
    {
    printf("input name:\n");
    gets(man[i].name);
    printf("input phone:\n");        gets(man[i].phone);
    }
printf("name\t\t\tphone\n\n");
for(i=0;i<NUM;i++)
    printf("%s\t\t\t%s\n",man[i].name,man[i].phone);
}
```

本程序中定义了一个结构体 mem，它有两个成员 name 和 phone 用来表示姓名和电话号码。在主函数中定义 man 为具有 mem 类型的结构体数组。在 for 语句中，用 gets 函数分别输入各个元素中两个成员的值。然后又在 for 语句中用 printf 语句输出各元素中两个成员值。

 思考题 2

对上例中建立的通讯录按姓名进行查询，编程实现。

11.8 结构体指针变量的说明和使用

11.8.1 指向结构体变量的指针

一个指针变量当用来指向一个结构体变量时，称之为结构体指针变量。结构体指针变量中的值是所指向的结构体变量的首地址。通过结构体指针即可访问该结构体变量，这与数组指针和函数指针的情况是相同的。

结构体指针变量说明的一般形式为

    struct 结构体名 *结构体指针变量名

例如，在前面的例题中定义了 stu 这个结构体，如要说明一个指向 stu 的指针变量 pstu，可写为

    struct stu *pstu;

当然也可在定义 stu 结构体时同时说明 pstu。与前面讨论的各类指针变量相同，结构体指针变量也必须要先赋值后才能使用。

赋值是把结构体变量的首地址赋予该指针变量，不能把结构体名赋予该指针变量。如果 boy 是被说明为 stu 类型的结构体变量，则：

    pstu=&boy

是正确的，而：

    pstu=&stu

是错误的。

结构体名和结构体变量是两个不同的概念，不能混淆。结构体名只能表示一个结构体形式，编译系统并不对它分配内存空间。只有当某变量被说明为这种类型的结构体时，才对该变量分配存储空间。因此上面&stu 这种写法是错误的，不可能去取一个结构体名的首地址。有了结构体指针变量，就能更方便地访问结构体变量的各个成员。

其访问的一般形式为

(*结构体指针变量).成员名

或为

结构体指针变量->成员名

例如：

(*pstu).num 或者：　pstu->num

应该注意(*pstu)两侧的括号不可少，因为成员符"."的优先级高于"*"。如去掉括号写作
pstu.num 则等效于(pstu.num)，这样，意义就完全不对了。

[例 11-5] 有如下数据，请输入计算机并输出。

姓名	学号	化学成绩
Jia	9800	90
Yi	9801	75
Bing	9802	84

```c
#include<stdio.h>
struct student
{
    char name[10];
    int num;
    int score;
};
int    main()
{
    struct student person[3],*p;
    int i;
    p=person;
    for(i=0;i<3;i++)
    {
      gets(p->name);
      scanf("%d",&(p->num));
      scanf("%d",&(p->score));
      getchar();
      p++;
    }
    p=person;
    printf("Your input is:\n");
    for(i=0;i<3;i++)
    {
      printf("%s",p->name);
      printf(" %d",p->num);
      printf(" %d",p->score);
      p++;
      printf("\n");
    }
}
```

此程序可以分成 4 个部分。

（1）定义数据类型，数据类型定义的位置，既可以在主函数 main()的内部，也可在函数的外部。

（2）定义此数据类型的数组。

（3）给数组赋值。

（4）输出数组内容。

提　示

■ **结构体成员的引用方法？**

可有三种表示结构体成员的方式：

（1）结构体变量.成员名；

（2）(*结构体指针变量).成员名；

（3）结构体指针变量->成员名。

11.8.2　指向结构体数组的指针

指针变量可以指向一个结构体数组,这时结构体指针变量的值是整个结构体数组的首地址。结构体指针变量也可指向结构体数组的一个元素，这时结构体指针变量的值是该结构体数组元素的首地址。

设 ps 为指向结构体数组的指针变量，则 ps 也指向该结构体数组的 0 号元素，ps+1 指向 1 号元素，ps+i 则指向 i 号元素。这与普通数组的情况是一致的。

[例 11-6] 用指针变量输出结构体数组。

```c
#include <stdio.h>
struct stu
{
    int num;
    char *name;
    char sex;
    float score;
}boy[5]={
        {101,"Zhou ping",'M',45},
        {102,"Zhang ping",'M',62.5},
        {103,"Liou fang",'F',92.5},
        {104,"Cheng ling",'F',87},
        {105,"Wang ming",'M',58},
        };
int main()
{
 struct stu *ps;
 printf("No\tName\t\t\tSex\tScore\t\n");
 for(ps=boy;ps<boy+5;ps++)
 printf("%d\t%s\t\t%c\t%f\t\n",ps->num,ps->name,ps->sex,ps->score);
}
```

在程序中，定义了 stu 结构体类型的外部数组 boy 并作了初始化赋值。在 main 函数内定义 ps 为指向 stu 类型的指针。在循环语句 for 的表达式 1 中，ps 被赋予 boy 的首地址，然后循环 5 次，输出 boy 数组中各成员值。

应该注意的是，一个结构体指针变量虽然可以用来访问结构体变量或结构体数组元素的成员，但是，不能使它指向一个成员。也就是说不允许取一个成员的地址来赋予它。因此，下面的赋值是错误的。

```
ps=&boy[1].sex;
```

而只能是：

```
ps=boy;(赋予数组首地址)
```

或者是：

```
ps=&boy[0];(赋予 0 号元素首地址)
```

11.8.3　结构体指针变量作函数参数

在 ANSI C 标准中允许用结构体变量作函数参数进行整体传送。但是这种传送要将全部成员逐个传送，特别是成员为数组时将会使传送的时间和空间开销很大，严重地降低了程序的效率。因此最好的办法就是使用指针，即用指针变量作函数参数进行传送。这时由实参传向形参的只是地址，从而减少了时间和空间的开销。

[例 11-7] 计算一组学生的平均成绩和不及格人数。用结构体指针变量作函数参数编程。

```c
#include <stdio.h>
struct stu
{
    int num;
    char *name;
    char sex;
    float score;
}boy[5]={
 {101,"Li ping",'M',45},
    {102,"Zhang ping",'M',62.5},
    {103,"He fang",'F',92.5},
    {104,"Cheng ling",'F',87},
    {105,"Wang ming",'M',58},
};
int main()
{
    struct stu *ps;
    void ave(struct stu *ps);
    ps=boy;
    ave(ps);
}
void ave(struct stu *ps)
{
    int c=0,i;
    float ave,s=0;
    for(i=0;i<5;i++,ps++)
      {
        s+=ps->score;
        if(ps->score<60) c+=1;
      }
```

```
    printf("s=%f\n",s);
    ave=s/5;
    printf("average=%f\ncount=%d\n",ave,c);
}
```

本程序中定义了函数 ave，其形参为结构体指针变量 ps。boy 被定义为外部结构体数组，因此在整个源程序中有效。在 main 函数中定义说明了结构体指针变量 ps，并把 boy 的首地址赋予它，使 ps 指向 boy 数组。然后以 ps 作实参调用函数 ave。在函数 ave 中完成计算平均成绩和统计不及格人数的工作并输出结果。由于本程序全部采用指针变量作运算和处理，故速度更快，程序效率更高。

11.9 动态存储分配

在数组一章中，曾介绍过数组的长度是预先定义好的，在整个程序中固定不变。C 语言中不允许动态数组类型。例如：

```
    int n;
    scanf("%d",&n);
    int a[n];
```

用变量表示长度，想对数组的大小作动态说明，这是错误的。但是在实际的编程中，往往会发生这种情况，即所需的内存空间取决于实际输入的数据，而无法预先确定。对于这种问题，用数组的办法很难解决。为了解决上述问题，C 语言提供了一些内存管理函数，这些内存管理函数可以按需要动态地分配内存空间，也可把不再使用的空间回收待用，为有效地利用内存资源提供了手段。

常用的内存管理函数有以下三个。

（1）分配内存空间函数 malloc。

调用形式：

`(类型说明符*)malloc(size)`

功能：在内存的动态存储区中分配一块长度为"size"字节的连续区域。函数的返回值为该区域的首地址。"类型说明符"表示把该区域用于何种数据类型。(类型说明符*)表示把返回值强制转换为该类型指针。"size"是一个无符号数。例如：

```
        pc=(char *)malloc(100);
```

表示分配 100 个字节的内存空间，并强制转换为字符数组类型，函数的返回值为指向该字符数组的指针，把该指针赋予指针变量 pc。

（2）分配内存空间函数 calloc。

calloc 也用于分配内存空间。

调用形式：

`(类型说明符*)calloc(n,size)`

功能：在内存动态存储区中分配 n 块长度为"size"字节的连续区域。函数的返回值为该区域的首地址。(类型说明符*)用于强制类型转换。

calloc 函数与 malloc 函数的区别仅在于一次可以分配 n 块区域。例如：

```
    ps=(struet stu*)calloc(2,sizeof(struct stu));
```

其中的 sizeof(struct stu)是求 stu 的结构体长度。因此该语句的意思是：按 stu 的长度分配 2 块连续区域，强制转换为 stu 类型，并把其首地址赋予指针变量 ps。

（3）释放内存空间函数 free。

调用形式：

```
free(void*ptr);
```

功能：释放 ptr 所指向的一块内存空间，ptr 是一个任意类型的指针变量，它指向被释放区域的首地址。被释放区应是由 malloc 或 calloc 函数所分配的区域。

[例 11-8] 分配一块区域，输入一个学生数据。

```
#include <stdio.h>
int main()
{
    struct stu
    {
      int num;
      char *name;
      char sex;
      float score;
    } *ps;
    ps=(struct stu*)malloc(sizeof(struct stu));
    ps->num=102;
    ps->name="Zhang ping";
    ps->sex='M';
    ps->score=62.5;
    printf("Number=%d\nName=%s\n",ps->num,ps->name);
    printf("Sex=%c\nScore=%f\n",ps->sex,ps->score);
    free(ps);
}
```

本例中，定义了结构体 stu，定义了 stu 类型指针变量 ps。然后分配一块 stu 大内存区，并把首地址赋予 ps，使 ps 指向该区域。再以 ps 为指向结构体的指针变量对各成员赋值，并用 printf 输出各成员值。最后用 free 函数释放 ps 指向的内存空间。整个程序包含了申请内存空间、使用内存空间、释放内存空间三个步骤，实现存储空间的动态分配。

11.10　链表的概念

在例 11-8 中采用了动态分配的办法为一个结构体分配内存空间。每一次分配一块空间可用来存放一个学生的数据，我们可称之为一个结点。有多少个学生就应该申请分配多少块内存空间，也就是说要建立多少个结点。当然用结构体数组也可以完成上述工作，但如果预先不能准确把握学生人数，也就无法确定数组大小。而且当学生留级、退学之后也不能把该元素占用的空间从数组中释放出来。用动态存储的方法可以很好地解决这些问题。有一个学生就分配一个结点，无须预先确定学生的准确人数，某学生退学，可删去该结点，并释放该结点占用的存储空间。从而节约了宝贵的内存资源。另一方面，用数组的方法必须占用一块连续的内存区域。而使用动态分配时，每个结点之间可以是不连续的(结点内是连续的)。结点之间的联系可以用指针实现。即在结点结构体中定义一个成员项用来存放下一结点的首地址，这个用于存放地址的成员，常把它称为指针域。可在第一个结点的指针域内存入第二个结点的首地址，在第二个结点的指针域内又存放第三个结点的首地址，如此串连下去直到最后一个结点。最后一个结点因无后续结点连接，其指针域可赋为 0。这样一种连接方式，在数据结构体中称为"链表"。

图 11-3 为最简单链表的示意图。

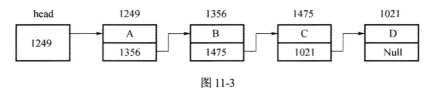

图 11-3

图中，第 0 个结点称为头结点，它存放有第一个结点的首地址，它没有数据，只是一个指针变量。以下的每个结点都分为两个域，一个是数据域，存放各种实际的数据，如学号 num，姓名 name，性别 sex 和成绩 score 等。另一个域为指针域，存放下一结点的首地址。链表中的每一个结点都是同一种结构体类型。

例如，一个存放学生学号和成绩的结点应为以下结构体。

```
struct stu
{
  int num;
  int score;
  struct stu *next;
}
```

前两个成员项组成数据域，后一个成员项 next 构成指针域，它是一个指向 stu 类型结构体的指针变量。链表的基本操作对链表的主要操作有以下几种。

（1）建立链表；

（2）结构体的查找与输出；

（3）插入一个结点；

（4）删除一个结点。

下面通过例题来说明这些操作。

【例 11-9】 建立一个三个结点的链表，存放学生数据。为简单起见，我们假定学生数据结构中只有学号和年龄两项。可编写一个建立链表的函数 creat。程序如下：

```
#define NULL 0
#define LEN sizeof (struct stu)
struct stu
  {
    int num;
    int age;
    struct stu *next;
  };
struct stu *creat(int n)
  {
    struct stu *head,*pf,*pb;
    int i;
    for(i=0;i<n;i++)
    {
```

```
        pb=(struct stu *) malloc(LEN);
        printf("input Number and Age\n");
        scanf("%d%d",&pb->num,&pb->age);
        if(i==0)
        pf=head=pb;
        else pf->next=pb;
        pb->next=NULL;
        pf=pb;
        }
        return(head);
    }
```

在函数外首先用宏定义对三个符号常量作了定义。这里用 TYPE 表示 struct stu，用 LEN 表示 sizeof(struct stu)主要的目的是为了在以下程序内减少书写并使阅读更加方便。结构体 stu 定义为外部类型，程序中的各个函数均可使用该定义。creat 函数用于建立一个有 n 个结点的链表，它是一个指针函数，它返回的指针指向 stu 结构体。在 creat 函数内定义了三个 stu 结构体的指针变量。head 为头指针，pf 为指向两相邻结点的前一结点的指针变量。pb 为后一结点的指针变量。

[例 11-10] 输出上例所建的链表。

首先要知道链表第一个结点的地址，也就是要知道 head 的值。然后设一个指针变量 p,先指向第一个结点，输出 p 所指的结点，然后使 p 后移一个结点，再输出，直到链表的尾结点（见图 11-4 所示）。

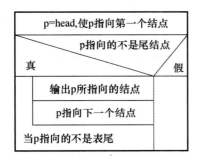
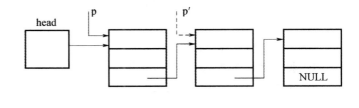

图 11-4

```
void print(struct stu *head)
    {
struct stu *p;
        printf("\nNow,These %d records are:\n",n);
    p=head;
        if(head!=NULL)
    {
do
        {printf("%ld %5.1f\n",p->num,p->age);
         p=p->next;
        }while(p!=NULL);
    }
    }
```

思考题 3

编程实现链表的插入和删除的函数。

习　题

1. 将本章节的所有示例程序在 Visual C++ 6.0 上编辑并运行。

2. 将本章的思考题在 Visual C++ 6.0 上调试运行。

3. 编写程序，录入全院师生关于编号、姓名、性别、职业、岗位几方面的信息。

4. 利用指向结构体的指针编制一程序，有 4 个学生，5 门课程，求第一门课程的平均分；找出 2 门以上课程不及格的学生，输出学号和全部成绩；找出平均成绩在 90 分以上的学生输出学生的姓名。

5. 利用指向结构体的指针编制一程序，实现输入 4 个学生的学号，数学期中和期末成绩，然后计算每个学生的平均分；计算每门课的平均分；找出所有分数中最高的分数所对应的学生和课程。

6. 已知下表的数据：

姓名	班级	学号	化学成绩
Zhang	94221	18	90
Wang	94211	9	61
Sun	94221	21	92
Zhao	94211	2	79

请编写一程序，其中包含如下功能：

（1）把上述数据输入到一结构体数组中；

（2）输出化学成绩最高者的姓名和班级；

（3）输出 4 个学生的化学平均成绩。

7. 有 10 个学生，每个学生的数据包括学号、姓名、3 门课程的成绩，从键盘输入 10 个学生数据，要求输出 3 门课程的成绩，从键盘输入 10 个学生数据，要求输出 3 门课程总平均成绩，以及最高分的学生的数据（包括学号、姓名、3 门课程成绩、平均分数）。

8. 有一个结构体变量 stu，内含学生学号、姓名和 3 门课的成绩。要求在 main 函数中赋以值，在另一函数 print 中将它们打印输出。

第 **12** 章 函数的递归调用

一个函数在它的函数体内调用它自身称为递归调用。这种函数称为递归函数。C 语言允许函数的递归调用。在递归调用中，主调函数又是被调函数。执行递归函数将反复调用其自身，每调用一次就进入新的一层。

例如，有函数 f 如下：

```
int f(int x)
{
  int y;
  z=f(y);      //调用函数本身
  return z;
}
```

这个函数是一个递归函数。但是运行该函数将无休止地调用其自身，这当然是不正确的。为了防止递归调用无终止地进行，必须在函数内有终止递归调用的手段。常用的办法是加条件判断，满足某种条件后就不再作递归调用，然后逐层返回。下面举例说明递归调用的执行过程。

[例 12-1] 用递归法计算 n!

用递归法计算 n!可用下述公式表示：

$$n!=1 \qquad (n=0,1)$$
$$n \times (n-1)! \qquad (n>1)$$

按公式可编程如下：

```
#include <stdio.h>
long ff(int n)
{
    long f;
    if(n<0) printf("n<0,input error");
    else if(n==0||n==1) f=1;
    else f=ff(n-1)*n;
    return(f);
}
int main()
{
    int n;
    long y;
    printf("\ninput a inteager number:\n");
    scanf("%d",&n);
```

```
    y=ff(n);
    printf("%d!=%ld",n,y);
}
```

程序中给出的函数 ff 是一个递归函数。主函数调用 ff 后即进入函数 ff 执行，如果 n<0,n==0 或 n=1 时都将结束函数的执行，否则就递归调用 ff 函数自身。由于每次递归调用的实参为 n-1，即把 n-1 的值赋予形参 n，最后当 n-1 的值为 1 时再作递归调用，形参 n 的值也为 1，将使递归终止。然后可逐层退回。

下面我们再举例说明该过程。设执行本程序时输入为 5，即求 5!。在主函数中的调用语句即为 y=ff(5)，进入 ff 函数后，由于 n=5,不等于 0 或 1，故应执行 f=ff(n-1)*n,即 f=ff(5-1)*5。该语句对 ff 作递归调用即 ff(4)。

进行四次递归调用后，ff 函数形参取得的值变为 1，故不再继续递归调用而开始逐层返回主调函数。ff(1)的函数返回值为 1，ff(2)的返回值为 1*2=2，ff(3)的返回值为 2*3=6，ff(4)的返回值为 6*4=24，最后返回值 ff(5)为 24*5=120。

 提　示

■ 函数递归调用应注意的问题？

递归调用和循环一样，不应出现无终止的递归调用，因此，应该给定一个限制递归次数的条件。

递归调用对应的一般算法：

$$f(x)=\begin{cases} 终结公式 \\ 递归公式 \end{cases}$$

第13章 文 件

13.1 C文件概述

　　所谓"文件"是指一组相关数据的有序集合。这个数据集有一个名称，叫做文件名。实际上在前面的各章中我们已经多次使用了文件，例如，源程序文件、目标文件、可执行文件、库文件 (头文件)等。

　　文件通常是驻留在外部介质(如磁盘等)上的，在使用时才调入内存中来。从不同的角度可对文件作不同的分类。从用户的角度看，文件可分为普通文件和设备文件两种。

　　普通文件是指驻留在磁盘或其他外部介质上的一个有序数据集，可以是源文件、目标文件、可执行程序；也可以是一组待输入处理的原始数据，或者是一组输出的结果。对于源文件、目标文件、可执行程序可以称作程序文件，对输入输出数据可称作数据文件。

　　设备文件是指与主机相联的各种外部设备，如显示器、打印机、键盘等。在操作系统中，把外部设备也看作是一个文件来进行管理，把它们的输入、输出等同于对磁盘文件的读和写。

　　通常把显示器定义为标准输出文件，一般情况下在屏幕上显示有关信息就是向标准输出文件输出。如前面经常使用的 printf,putchar 函数就是这类输出。

　　键盘通常被指定标准的输入文件，从键盘上输入就意味着从标准输入文件上输入数据。scanf,getchar 函数就属于这类输入。

　　从文件编码的方式来看，文件可分为 ASCII 码文件和二进制码文件两种。ASCII 文件也称为文本文件，这种文件在磁盘中存放时每个字符对应一个字节，用于存放对应的 ASCII 码。

　　例如，数 5678 的存储形式为

ASCII 码：　　　00110101　　00110110　　00110111　　00111000

　　　　　　　　　　↓　　　　　↓　　　　　↓　　　　　↓

十进制码：　　　　　5　　　　　6　　　　　7　　　　　8

共占用 4 个字节。

　　ASCII 码文件可在屏幕上按字符显示,例如源程序文件就是 ASCII 文件,用 DOS 命令 TYPE 可显示文件的内容。由于是按字符显示，因此能读懂文件内容。

　　二进制文件是按二进制的编码方式来存放文件的。

例如，数 5678 的存储形式为

00010110   00101110

只占两个字节。二进制文件虽然也可在屏幕上显示，但其内容无法读懂。C 系统在处理这些文件时，并不区分类型，都看成是字符流，按字节进行处理。

输入输出字符流的开始和结束只由程序控制而不受物理符号(如回车符)的控制。因此也把这种文件称作"流式文件"。

本章讨论流式文件的打开、关闭、读、写、定位等各种操作。

13.2 文件指针

在 C 语言中用一个指针变量指向一个文件，这个指针称为文件指针。通过文件指针就可对它所指的文件进行各种操作。

定义说明文件指针的一般形式为

```
FILE *指针变量标识符;
```

其中 FILE 应为大写，它实际上是由系统定义的一个结构体，该结构体中含有文件名、文件状态和文件当前位置等信息。在编写源程序时不必关心 FILE 结构体的细节。

例如：

```
FILE *fp;
```

表示 fp 是指向 FILE 结构体的指针变量，通过 fp 即可找存放某个文件信息的结构体变量，然后按结构体变量提供的信息找到该文件，实施对文件的操作。习惯上也笼统地把 fp 称为指向一个文件的指针。

13.3 文件的打开与关闭

文件在进行读写操作之前要先打开，使用完毕要关闭。所谓打开文件，实际上是建立文件的各种有关信息，并使文件指针指向该文件，以便进行其他操作。关闭文件则断开指针与文件之间的联系，也就禁止再对该文件进行操作。

在 C 语言中，文件操作都是由库函数来完成的。在本章内将介绍主要的文件操作函数。

13.3.1 文件的打开(fopen 函数)

fopen 函数用来打开一个文件，其调用的一般形式为

```
文件指针名=fopen(文件名,使用文件方式);
```

其中，

"文件指针名"必须是被说明为 FILE 类型的指针变量；

"文件名"是被打开文件的文件名；

"使用文件方式"是指文件的类型和操作要求。

"文件名"是字符串常量或字符串数组。

例如：

```
    FILE *fp;
fp=("file a","r");
```

其意义是在当前目录下打开文件 file a，只允许进行"读"操作，并使 fp 指向该文件。又如：

```
FILE *fphzk
fphzk=("c:\\hzk16","rb")
```

其意义是打开 C 驱动器磁盘的根目录下的文件 hzk16，这是一个二进制文件，只允许按二进制方式进行读操作。两个反斜线 "\\ " 中的第一个表示转义字符，第二个表示根目录。

使用文件的方式共有 12 种，表 13-1 给出了它们的符号和意义。

表 13-1　文件的符号和意义

文件使用方式	意义
"rt"	只读打开一个文本文件，只允许读数据
"wt"	只写打开或建立一个文本文件，只允许写数据
"at"	追加打开一个文本文件，并在文件末尾写数据
"rb"	只读打开一个二进制文件，只允许读数据
"wb"	只写打开或建立一个二进制文件，只允许写数据
"ab"	追加打开一个二进制文件，并在文件末尾写数据
"rt+"	读写打开一个文本文件，允许读和写
"wt+"	读写打开或建立一个文本文件，允许读写
"at+"	读写打开一个文本文件，允许读，或在文件末尾追加数据
"rb+"	读写打开一个二进制文件，允许读和写
"wb+"	读写打开或建立一个二进制文件，允许读和写
"ab+"	读写打开一个二进制文件，允许读，或在文件末追加数据

对于文件使用方式有以下几点说明。

（1）文件使用方式由 r,w,a,t,b,+ 等六个字符拼成，各字符的含义是：

r(read):　　　　读

w(write):　　　写

a(append):　　追加

t(text):　　　　文本文件，可省略不写

b(banary):　　二进制文件

+:　　　　　　读和写

（2）凡用 "r" 打开一个文件时，该文件必须已经存在，且只能从该文件读出。

（3）用 "w" 打开的文件只能向该文件写入。若打开的文件不存在，则以指定的文件名建立该文件，若打开的文件已经存在，则将该文件删去，重建一个新文件。

（4）若要向一个已存在的文件追加新的信息，只能用 "a" 方式打开文件。但此时该文件必须是存在的，否则将会出错。

（5）在打开一个文件时，如果出错，fopen 将返回一个空指针值 NULL。在程序中可以用这一信息来判别是否完成打开文件的工作，并作相应的处理。因此常用以下程序段打开文件：

（6）if((fp=fopen("c:\\hzk16","rb")==NULL)

```
    {
printf("\nerror on open c:\\hzk16 file!");
getch();
```

```
    exit(1);
    }
```

这段程序的意义是，如果返回的指针为空，表示不能打开 C 盘根目录下的 hzk16 文件，则给出提示信息 "error on open c:\ hzk16 file!"，下一行 getch()的功能是从键盘输入一个字符，但不在屏幕上显示。在这里，该行的作用是等待，只有当用户从键盘敲任一键时，程序才继续执行，因此用户可利用这个等待时间阅读出错提示。敲键后执行 exit(1)退出程序。

（7）把一个文本文件读入内存时，要将 ASCII 码转换成二进制码，而把文件以文本方式写入磁盘时，也要把二进制码转换成 ASCII 码，因此文本文件的读写要花费较多的转换时间。对二进制文件的读写不存在这种转换。

（8）标准输入文件(键盘)，标准输出文件(显示器)，标准出错输出(出错信息)是由系统打开的，可直接使用。

13.3.2 文件关闭函数（fclose 函数）

文件一旦使用完毕，应用关闭文件函数把文件关闭，以避免文件的数据丢失等错误。

fclose 函数调用的一般形式是：

```
 fclose(文件指针);
```

例如：

```
fclose(fp);
```

正常完成关闭文件操作时，fclose 函数返回值为 0。如返回非零值则表示有错误发生。

13.4 文件的读写

对文件的读和写是最常用的文件操作。在 C 语言中提供了多种文件读写的函数。

（1）字符读写函数：fgetc 和 fputc。

（2）字符串读写函数：fgets 和 fputs。

（3）数据块读写函数：freed 和 fwrite。

（4）格式化读写函数：fscanf 和 fprinf。

下面分别予以介绍。使用以上函数都要求包含头文件 stdio.h。

13.4.1 字符读写函数 fgetc 和 fputc

字符读写函数是以字符(字节)为单位的读写函数。每次可从文件读出或向文件写入一个字符。

（1）读字符函数 fgetc。

fgetc 函数的功能是从指定的文件中读一个字符，函数调用的形式为

字符变量=fgetc(文件指针);

例如：

```
ch=fgetc(fp);
```

其意义是从打开的文件 fp 中读取一个字符并送入 ch 中。

对于 fgetc 函数的使用有以下几点说明。

① 在 fgetc 函数调用中，读取的文件必须是以读或读写方式打开的。

② 读取字符的结果也可以不向字符变量赋值，例如：

```
fgetc(fp);
```

但是读出的字符不能保存。

③ 在文件内部有一个位置指针。用来指向文件的当前读写字节。在文件打开时，该指针总是指向文件的第一个字节。使用 fgetc 函数后，该位置指针将向后移动一个字节。因此可连续多次使用 fgetc 函数，读取多个字符。应注意文件指针和文件内部的位置指针不是一回事。文件指针是指向整个文件的，须在程序中定义说明，只要不重新赋值，文件指针的值是不变的。文件内部的位置指针用以指示文件内部的当前读写位置，每读写一次，该指针均向后移动，它不需在程序中定义说明，而是由系统自动设置的。

[例 13-1] 读入文件 c1.doc，在屏幕上输出。

```
#include<stdio.h>
main()
{
  FILE *fp;
char ch;
if((fp=fopen("d:\\jrzh\\example\\c1.txt","rt"))==NULL)
    {
printf("\nCannot open file strike any key exit!");
getch();
exit(1);
    }
ch=fgetc(fp);
while(ch!=EOF)
  {
putchar(ch);
ch=fgetc(fp);
  }
fclose(fp);
}
```

本例程序的功能是从文件中逐个读取字符，在屏幕上显示。程序定义了文件指针 fp,以读文本文件方式打开文件 "d:\\jrzh\\example\\ex1_1.c"，并使 fp 指向该文件。如打开文件出错，给出提示并退出程序。程序第 12 行先读出一个字符，然后进入循环，只要读出的字符不是文件结束标志(每个文件末有一结束标志 EOF)就把该字符显示在屏幕上，再读入下一字符。每读一次，文件内部的位置指针向后移动一个字符，文件结束时，该指针指向 EOF。执行本程序将显示整个文件。

（2）写字符函数 fputc。

fputc 函数的功能是把一个字符写入指定的文件中，函数调用的形式为

　　fputc(字符量，文件指针);

其中，待写入的字符量可以是字符常量或变量，例如：

```
fputc('a',fp);
```

其意义是把字符 a 写入 fp 所指向的文件中。

对于 fputc 函数的使用也要说明几点。

① 被写入的文件可以用写、读写、追加方式打开，用写或读写方式打开一个已存在的文

件时将清除原有的文件内容，写入字符从文件首开始。如需保留原有文件内容，希望写入的字符以文件末开始存放，必须以追加方式打开文件。被写入的文件若不存在，则创建该文件。

② 每写入一个字符，文件内部位置指针向后移动一个字节。

③ fputc 函数有一个返回值，如写入成功则返回写入的字符，否则返回一个 EOF。可用此来判断写入是否成功。

[例 13-2] 从键盘输入一行字符，写入一个文件，再把该文件内容读出显示在屏幕上。

```c
#include<stdio.h>
main()
{
  FILE *fp;
char ch;
if((fp=fopen("d:\\jrzh\\example\\string","wt+"))==NULL)
  {
printf("Cannot open file strike any key exit!");
getch();
exit(1);
  }
printf("input a string:\n");
ch=getchar();
while (ch!='\n')
  {
fputc(ch,fp);
ch=getchar();
  }
rewind(fp);
ch=fgetc(fp);
while(ch!=EOF)
  {
putchar(ch);
ch=fgetc(fp);
  }
printf("\n");
fclose(fp);
}
```

程序中第 6 行以读写文本文件方式打开文件 string。程序第 13 行从键盘读入一个字符后进入循环，当读入字符不为回车符时，则把该字符写入文件之中，然后继续从键盘读入下一字符。每输入一个字符，文件内部位置指针向后移动一个字节。写入完毕，该指针已指向文件末。如要把文件从头读出，需把指针移向文件头，程序第 19 行 rewind 函数用于把 fp 所指文件的内部位置指针移到文件头。第 20 至 25 行用于读出文件中的一行内容。

[例 13-3] 把命令行参数中的前一个文件名标识的文件，复制到后一个文件名标识的文件中，如命令行中只有一个文件名则把该文件写到标准输出文件(显示器)中。

```c
#include<stdio.h>
main(int argc,char *argv[])
{
 FILE *fp1,*fp2;
char ch;
if(argc==1)
 {
```

```
printf("have not enter file name strike any key exit");
getch();
exit(0);
  }
if((fp1=fopen(argv[1],"rt"))==NULL)
  {
printf("Cannot open %s\n",argv[1]);
getch();
exit(1);
  }
if(argc==2) fp2=stdout;
else if((fp2=fopen(argv[2],"wt+"))==NULL)
  {
printf("Cannot open %s\n",argv[1]);
getch();
exit(1);
  }
while((ch=fgetc(fp1))!=EOF)
fputc(ch,fp2);
fclose(fp1);
fclose(fp2);
  }
```

本程序为带参的 main 函数。程序中定义了两个文件指针 fp1 和 fp2，分别指向命令行参数中给出的文件。如命令行参数中没有给出文件名，则给出提示信息。程序第 18 行表示如果只给出一个文件名，则使 fp2 指向标准输出文件(即显示器)。程序第 25 行至 28 行用循环语句逐个读出文件 1 中的字符再送到文件 2 中。再次运行时，给出了一个文件名，故输出给标准输出文件 stdout，即在显示器上显示文件内容。第三次运行，给出了二个文件名，因此把 string 中的内容读出，写入到 OK 之中。可用 DOS 命令 type 显示 OK 的内容。

13.4.2　字符串读写函数 fgets 和 fputs

（1）读字符串函数 fgets。

函数的功能是从指定的文件中读一个字符串到字符数组中，函数调用的形式为

    fgets(字符数组名,n,文件指针);

其中的 n 是一个正整数。表示从文件中读出的字符串不超过 n-1 个字符。在读入的最后一个字符后加上串结束标志'\0'。

例如：

fgets(str,n,fp);

其意义是从 fp 所指的文件中读出 n-1 个字符送入字符数组 str 中。

[例 13-4] 从 string 文件中读入一个含 10 个字符的字符串。

```
#include<stdio.h>
intmain()
{
  FILE *fp;
char str[11];
if((fp=fopen("d:\\jrzh\\example\\string","rt"))==NULL)
  {
```

```
printf("\nCannot open file strike any key exit!");
getch();
exit(1);
  }
fgets(str,11,fp);
printf("\n%s\n",str);
fclose(fp);
}
```

本例定义了一个字符数组 str 共 11 个字节，在以读文本文件方式打开文件 string 后，从中读出 10 个字符送入 str 数组，在数组最后一个单元内将加上'\0'，然后在屏幕上显示输出 str 数组。输出的十个字符正是例 13-1 程序的前十个字符。

对 fgets 函数有两点说明。

① 在读出 n-1 个字符之前，如遇到了换行符或 EOF，则读出结束。

② fgets 函数也有返回值，其返回值是字符数组的首地址。

（2）写字符串函数 fputs。

fputs 函数的功能是向指定的文件写入一个字符串，其调用形式为

```
fputs(字符串,文件指针);
```

其中字符串可以是字符串常量，也可以是字符数组名，或指针变量，例如：

```
fputs("abcd",fp);
```

其意义是把字符串"abcd"写入 fp 所指的文件之中。

[例 13-5] 在例 13-2 中建立的文件 string 中追加一个字符串。

```
#include<stdio.h>
intmain()
{
  FILE *fp;
char ch,st[20];
if((fp=fopen("string","at+"))==NULL)
  {
printf("Cannot open file strike any key exit!");
getch();
exit(1);
}
printf("input a string:\n");
scanf("%s",st);
fputs(st,fp);
rewind(fp);
ch=fgetc(fp);
while(ch!=EOF)
  {
putchar(ch);
ch=fgetc(fp);
  }
printf("\n");
fclose(fp);
}
```

本例要求在 string 文件末加写字符串，因此，在程序第 6 行以追加读写文本文件的方式打开文件 string。然后输入字符串，并用 fputs 函数把该串写入文件 string。在程序 15 行用 rewind

函数把文件内部位置指针移到文件首。再进入循环逐个显示当前文件中的全部内容。

13.4.3　数据块读写函数 fread 和 fwtrite

C 语言还提供了用于整块数据的读写函数。可用来读写一组数据,如一个数组元素,一个结构体变量的值等。

读数据块函数调用的一般形式为

```
fread(buffer,size,count,fp);
```

写数据块函数调用的一般形式为

```
fwrite(buffer,size,count,fp);
```

其中:

buffer 是一个指针,在 fread 函数中,它表示存放输入数据的首地址。在 fwrite 函数中,它表示存放输出数据的首地址。

```
size    表示数据块的字节数。
count   表示要读写的数据块数。
fp      表示文件指针。
```

例如:

```
fread(fa,4,5,fp);
```

其意义是从 fp 所指的文件中,每次读 4 个字节(一个实数)送入实数组 fa 中,连续读 5 次,即读 5 个实数到 fa 中。

[例 13-6] 编写程序,实现对文件的加解密。

```c
#include<stdlib.h>
#include<stdio.h>

main()
{
  char ch;
  int pwd;
  FILE *fin,*fout;
  char f1[80],f2[80];
  printf("输入文件:");
  gets(f1);
  printf("输出文件:");
  gets(f2);

  fin=fopen(f1,"rb");
  fout=fopen(f2,"wb");
  printf("pwd:");
  scanf("%d",&pwd);
  fread(&ch,1,1,fin);

  while(!feof(fin))
  {
    ch=ch^pwd;
    fwrite(&ch,1,1,fout);
    fread(&ch,1,1,fin);
```

```
        }
        fclose(fin);
        fclose(fout);
    }
```

本程序首先输入带绝对路径的文件名，通过异或的方式加密，然后用新的文件名保存。解密程序同样可以应用本程序，不过此时输入的是待解密的文件，解密后的明文以新的文件保存。

13.4.4 格式化读写函数 fscanf 和 fprintf

fscanf 函数，fprintf 函数与前面使用的 scanf 和 printf 函数的功能相似，都是格式化读写函数。两者的区别在于 fscanf 函数和 fprintf 函数的读写对象不是键盘和显示器，而是磁盘文件。

这两个函数的调用格式为

fscanf(文件指针,格式字符串,输入表列);

fprintf(文件指针,格式字符串,输出表列);

例如：

fscanf(fp,"%d%s",&i,s);

fprintf(fp,"%d%c",j,ch);

用 fscanf 和 fprintf 函数也可以完成例 10-6 的问题。修改后的程序如[例 10-7]所示。

[例 13-7] 用 fscanf 和 fprintf 函数成例 10-6 的问题。

```
#include<stdio.h>
struct stu
{
char name[10];
int num;
int age;
char addr[15];
}boya[2],boyb[2],*pp,*qq;
main()
{
  FILE *fp;
char ch;
int i;
  pp=boya;
qq=boyb;
if((fp=fopen("stu_list","wb+"))==NULL)
  {
printf("Cannot open file strike any key exit!");
getch();
exit(1);
  }
printf("\ninput data\n");
for(i=0;i<2;i++,pp++)
scanf("%s%d%d%s",pp->name,&pp->num,&pp->age,pp->addr);
  pp=boya;
for(i=0;i<2;i++,pp++)
fprintf(fp,"%s %d %d %s\n",pp->name,pp->num,pp->age,pp->addr);
rewind(fp);
for(i=0;i<2;i++,qq++)
```

```
fscanf(fp,"%s %d %d %s\n",qq->name,&qq->num,&qq->age,qq->addr);
printf("\n\nname\tnumber    age      addr\n");
qq=boyb;
for(i=0;i<2;i++,qq++)
printf("%s\t%5d  %7d      %s\n",qq->name,qq->num, qq->age,
qq->addr);
fclose(fp);
}
```

与例 10-6 相比，本程序中 fscanf 和 fprintf 函数每次只能读写一个结构体数组元素，因此采用了循环语句来读写全部数组元素。还要注意指针变量 pp,qq 由于循环改变了它们的值，因此在程序的 25 和 32 行分别对它们重新赋予了数组的首地址。

13.5　文件的随机读写

前面介绍的对文件的读写方式都是顺序读写，即读写文件只能从头开始，顺序读写各个数据。但在实际问题中常要求只读写文件中某一指定的部分。为了解决这个问题可移动文件内部的位置指针到需要读写的位置，再进行读写，这种读写称为随机读写。

实现随机读写的关键是要按要求移动位置指针，这称为文件的定位。

13.5.1　文件定位

移动文件内部位置指针的函数主要有两个，即 rewind 函数和 fseek 函数。

rewind 函数前面已多次使用过，其调用形式为

```
rewind(文件指针);
```

它的功能是把文件内部的位置指针移到文件首。

下面主要介绍 fseek 函数。

fseek 函数用来移动文件内部位置指针，其调用形式为

```
fseek(文件指针,位移量,起始点);
```

其中：

"文件指针"指向被移动的文件。

"位移量"表示移动的字节数，要求位移量是 long 型数据，以便在文件长度大于 64KB 时不会出错。当用常量表示位移量时，要求加后缀"L"。

"起始点"表示从何处开始计算位移量，规定的起始点有三种：文件首、当前位置和文件尾。

其表示方法如表 13-2 所列。

表 13-2　"起始点"的表示方法

起始点	表示符号	数字表示
文件首	SEEK_SET	0
当前位置	SEEK_CUR	1
文件末尾	SEEK_END	2

例如：

```
fseek(fp,100L,0);
```

其意义是把位置指针移到离文件首 100 个字节处。

还要说明的是 fseek 函数一般用于二进制文件。在文本文件中由于要进行转换，故往往计算的位置会出现错误。

13.5.2　文件的随机读写

在移动位置指针之后，即可用前面介绍的任一种读写函数进行读写。由于一般是读写一个数据块，因此常用 fread 和 fwrite 函数。

下面用例题来说明文件的随机读写。

[例 13-8] 在学生文件 stu_list 中读出第二个学生的数据。

```
#include<stdio.h>
struct stu
{
char name[10];
int num;
int age;
char addr[15];
}boy,*qq;
main()
{
  FILE *fp;
char ch;
int i=1;
qq=&boy;
if((fp=fopen("stu_list","rb"))==NULL)
  {
printf("Cannot open file strike any key exit!");
getch();
exit(1);
  }
rewind(fp);
fseek(fp,i*sizeof(struct stu),0);
fread(qq,sizeof(struct stu),1,fp);
printf("\n\nname\tnumber    age      addr\n");
printf("%s\t%5d%7d      %s\n",qq->name,qq->num,qq->age,qq->addr);
}
```

文件 stu_list 已由例 13-6 的程序建立，本程序用随机读出的方法读出第二个学生的数据。程序中定义 boy 为 stu 类型变量，qq 为指向 boy 的指针。以读二进制文件方式打开文件，程序第 22 行移动文件位置指针。其中的 i 值为 1，表示从文件头开始，移动一个 stu 类型的长度，然后再读出的数据即为第二个学生的数据。

13.6　文件检测函数

C 语言中常用的文件检测函数有以下几个。

13.6.1　文件结束检测函数 feof 函数

调用格式：

```
feof(文件指针);
```

功能：判断文件是否处于文件结束位置，如文件结束，则返回值为 1，否则为 0。

13.6.2 读写文件出错检测函数

ferror 函数调用格式：

```
ferror(文件指针);
```

功能：检查文件在用各种输入输出函数进行读写时是否出错。如 ferror 返回值为 0 表示未出错，否则表示有错。

13.6.3 文件出错标志和文件结束标志置 0 函数

clearerr 函数调用格式：

```
clearerr(文件指针);
```

功能：本函数用于清除出错标志和文件结束标志，使它们为 0 值。

习 题

1. 将本章节的所有示例程序在 Visual C++ 6.0 上编辑并运行。
2. 将本章的思考题写在作业本上，并在 Visual C++ 6.0 上调试运行。

常用的文件函数列表如表 13-3 所列。

表 13-3 常用的文件函数列表

int eof(int fd)	检查文件是否结束
int fclose(FILE *fp)	关闭文件
int feof(FILE *fp)	检查文件是否结束
int fgetc(FILE *fp)	从 fp 所指定的文件中取得下一个字符
char *fgets(char* buf, int n, FILE *fp)	从 fp 所指向的文件读取一个（n-1）的字符串，存入起始地址为 buf 的空间
FILE *fopen(char *filename, char *mode)	以 mode 指定的方式打开名为 filename 的文件
int fprintf(FILE *fp, char *format, args,...)	把 args 的值以 format 指定的格式输出到 fp 所指定的文件中
int fputc(char ch, FILE *fp)	将字符 ch 输出到 fp 指向的文件中
int fputs(char *str, FILE *fp)	将 str 指向的字符串输出到 fp 所指定的文件
int fread(cahr *pt,unsigned size, unsigned n, FILE *fp)	从 fp 所指定的文件中读取长度为 size 的 n 个数据项，存到 pt 所指向的内存区
int fscanf(FILE *fp, char format, args,...)	从 fp 指定的文件中按 format 给定的格式将输入数据送到 args 所指向的内存单元(args 是指针)
int fseek(FILE *fp, long offset, int base)	将 fp 所指向的文件的位置指针移到以 base 所给出的位置为基准、以 offset 为位移量的位置
long ftell(FILE *fp)	返回 fp 所指向的文件中的读写位置
int fwrite(char * ptr, unsigned size, unsigned n,FILE *fp)	把 ptr 所指向的 n*size 个字节输出到 fp 所指向的文件中

ASCII 代码对照表

ASCII 字符代码表 一

低四位＼高四位	ASCII非打印控制字符					ASCII非打印控制字符					ASCII 打印字符											
	0000					0001					0010	0011	0100	0101	0110	0111
	字符	+进制	代码	ctrl	字符解释	+进制	代码	ctrl	字符解释	+进制	2 +进制	3 +进制	4 +进制	5 +进制	6 +进制	7 +进制
0000	(BLANK NULL)	0	NUL	^@	空	16	DLE	^P	数据链路转义	32	48 0	64 @	80 P	96 `	112 p
0001	☺	1	SOH	^A	头标开始	17	DC1	^Q	设备控制1	33 !	49 1	65 A	81 Q	97 a	113 q
0010	☻	2	STX	^B	正文开始	18	DC2	^R	设备控制2	34 "	50 2	66 B	82 R	98 b	114 r
0011	♥	3	ETX	^C	正文结束	19	DC3	^S	设备控制3	35 #	51 3	67 C	83 S	99 c	115 s
0100	♦	4	EOT	^D	传输结束	20	DC4	^T	设备控制4	36 $	52 4	68 D	84 T	100 d	116 t
0101	♣	5	ENQ	^E	查询	21	NAK	^U	反确认	37 %	53 5	69 E	85 U	101 e	117 u
0110	♠	6	ACK	^F	确认	22	SYN	^V	同步空闲	38 &	54 6	70 F	86 V	102 f	118 v
0111	●	7	BEL	^G	震铃	23	ETB	^W	传输块结束	39 '	55 7	71 G	87 W	103 g	119 w
1000	◘	8	BS	^H	退格	24	CAN	^X	取消	40 (	56 8	72 H	88 X	104 h	120 x
1001	○	9	TAB	^I	水平制表符	25	EM	^Y	媒体结束	41)	57 9	73 I	89 Y	105 i	121 y
1010	◙	10	LF	^J	换行/新行	26	SUB	^Z	替换	42 *	58 :	74 J	90 Z	106 j	122 z
1011	♂	11	VT	^K	竖直制表符	27	ESC	^[	转意	43 +	59 ;	75 K	91 [	107 k	123 {
1100	♀	12	FF	^L	换页/新页	28	FS	^\	文件分隔符	44 ,	60 <	76 L	92 \	108 l	124 |
1101	♪	13	CR	^M	回车	29	GS	^]	组分隔符	45 -	61 =	77 M	93]	109 m	125 }
1110	♫	14	SO	^N	移出	30	RS	^^	记录分隔符	46 .	62 >	78 N	94 ^	110 n	126 ~
1111	☼	15	SI	^O	移入	31	US	^-	单元分隔符	47 /	63 ?	79 O	95 _	111 o	127 △ Back space ctrl

注：表中的ASCII字符可以用：ALT + "小键盘上的数字键"输入

优先级	运算符	运算形式	名称或含义	运算对象的个数	结合方向
1	( )	(e)	圆括号		左→右
	[]	a[e]	数组下标		
	->	p->x	指针指向成员		
	.	x.y	结构体、共用体成员		
2	!	!e	逻辑非	(单目运算符)1	左←右
	~	~e	按位取反		
	++	++x 或 x++	自增		
	--	--x 或 x--	自减		
	- +	-e	正负号		
	(类型)	(类型)e	强制类型转换		
	*	*p	指针运算，由地址求内容		
	&	&x	求变量地址		
	sizeof	sizeof(t)	求某类型变量长度(byte)		
3	*	e1*e2	乘、除和求余	2	左→右
	/				
	%				
4	+	e1+e2	加和减	2	左→右
	-				
5	<<	e1<<e2	左移和右移		左→右
	>>				
6	<	e1<e2	关系运算	2	左→右
	<=				
	>				
	>=				
7	==	e1==e2	等于和不等于比较	2	左→右
	!=				
8	&	e1&e2	按位与	2	左→右
9	^	e1^e2	按位异或	2	左→右

续表

优先级	运算符	运算形式	名称或含义	运算对象的个数	结合方向
10	|	e1|e2	按位或	2	左→右
11	&&	e1&&e2	逻辑与(并且)	2	左→右
12	||	e1||e2	逻辑或(或者)	2	左→右
13	?:	e1?e2:e3	条件运算	3	左←右
14	=	x=e	赋值运算	2	左←右
	+=	x+=e	复合赋值运算		
	-=				
	*=				
	/=				
	%=				
	>>=				
	<<=				
	&=				
	^=				
	|=				
15	,	e1,e2	顺序求值运算		左→右

注：运算形式一栏中各字母的含义如下:a—数组, e—表达式, p—指针, t—类型, x,y—变量

附 录 **3**　　C 库函数

1．数学函数

数学函数的原型在 math.h 中

数学函数表

函数名称	函数与型参类型	函数功能	返回值
acos	double acos(x) double x;	计算 arccos(x)的值 -1≤x≤1	计算结果
asin	double asin(x) double x;	计算 arcsin(x)的值 1≤x≤1	计算结果
atan	double atan(x) double x;	计算 arctan(x)的值	计算结果
atan2	double atan2(x,y) double x;	计算 arctan(x/y)的值	计算结果
cos	double cos(x) double x;	计算 cos(x)的值 x 的单位为弧度	计算结果
cosh	double cosh(x) double x;	计算 x 的双曲余弦 cosh 的值	计算结果
exp	double exp(x) double x;	求 e^x 的值	计算结果
fabs	double fabs(x) double x;	求 x 的绝对值	计算结果
floor	double floor(x) double x;	求不大于 x 的最大整数	该整数的双精度实数
fmod	double fmod(x,y) double x,y;	求整除 x/y 的余数	返回余数的双精度实数
frexp	double frexp(val,eptr) double val; int * eptr	把双精度数 val 分解为数字部分（尾数）和以 2 为底的指数 n，即 val=x*2n,n 存放在 eptr 指向的变量中	数字部分 x 0.5≤x<1
log	double log(x) double x;	求 $\log_e x$ 即 lnx	计算结果

续表

函数名称	函数与型参类型	函数功能	返回值
log10	double log 10(x) double x;	求 log10x	计算结果
modf	double modf(val,iptr) double val; double * iptr	把双精度数 val 分解为整数部分和小数部分，把整数部分存到 iptr 指向的单元	val 的小数部分
pow	double pow (x,y) double x,y	计算 x^y 的值	计算结果
sin	double sin(x) double x;	计算 sin(x)的值 x 的单位为弧度	计算结果
sinh	double sinh(x) double x;	计算 x 的双曲线正弦函数 sinh(h)的值	计算结果
sprt	double sprt(x) double x;	计算 $\sqrt{x}$（x≥0）	计算结果
tan	double tan(x) double x;	计算 tan(x)的值 x 位为弧度	计算结果
tanh	double tanh(x) double x;	计算 x 的双曲线正切函数 tanh(x)的值	计算结果

2．字符函数

字符函数原型在 ctype.h 中。

字符函数表

函数名称	函数与行参类型	函数功能	返回值
isalnum	int isalnum(ch) int ch;	检查 ch 是否字母或数字	是字母或数字返回；否则返回 0
isalpha	int isalpha(ch) int ch;	检查 ch 是否字母	是字母返回 1；则返回 0
iscntrl	int iscntrl(ch) int ch;	检查 ch 是否控制字母(其 ASCII 码在 0 和 0xlf 之间)	是控制字符，返回 1；否则返回 0
isdigit	int isdigit(ch) int ch;	检查 ch 是否数字（0~9）	是数字返回 1；则返回 0
isgraph	int isgraph(ch) int ch;	检查 ch 是否是可打印字符(其 ASII 码在 0×21 到 0×7e 之间)不包括空格	是打印字符返回 1；否则返回 0
islower	int islower(ch) int ch	检查 ch 是否是小写字母（a~z）	是小写字母返回 1；否则返回 0
isprint	int isprint(ch) int ch	检查 ch 是否可打印字符（不包括空格），其 ASCII 值在 0×21 到 0×7e 之间	是可打印字符，返回 1；否则返回 0
isspace	int isspace(ch) int ch;	检查 ch 是否空格、跳格符（制表符）或换行符	是，返回 1；否则返回 0

续表

函数名称	函数与行参类型	函数功能	返回值
isupper	int isupper(ch) int ch;	检查 ch 是否大写字母（A~Z）	是大写字母，返回 1；否则返回 0
isxdigit	int isxdigit(ch) int ch	检查 ch 是否一个十六进制数字（即 0~9，或 A~F，a~f）	是，返回 1；否则返回 0
tolower	int tolower(ch) int　ch	将 ch 字符转换为小写字母	返回 ch 对应的小写字母
toupper	int toupper(ch) int ch	将 ch 字符转换为大写字母	返回 ch 对应的大写字母

3．字符串函数

字符串函数原型在 string.h 中。

字符串函数表

函数名称	函数与行参类型	函数功能	返回值
memchr	void memchr(buf,ch,count) void * buf;char ch; Unsigned int count;	在 buf 的前 count 个字符里搜索字符 ch 首次出现的位置	返回值指向 buf 中 ch 第一次出现的位置指针；若没有找到 ch 返回 NULL
memcmp	int memcmp(buf1,buf2,count) void * buf1,* buf2; unsigned int count	按字典顺序比较由 buf1 和 buf2 指向数组的前 count 个字符	buf1<buf2,为负数； buf1=buf2,返回 0； buf1>buf2,为正数
memcpy	void *memcpy(to,from,count) void * to,*from; unsigned int count;	将 from 指向数组中的前 count 个字符拷贝到 to 指向的数组中，from 和 to 指向的数组不允许重叠	返回指向 to 的指针
mem-move	void * mem-move(to,from,count) void * to,* from; unsigned int count;	将 from 指向的数组中的前 count 个字符拷贝到 to 指向的数组中，from 和 to 指向的数组可以允许重叠	返回指向 to 的指针
memset	void * memset(buf,ch,count) void * buf;char ch; unsigned int count;	将字符 ch 拷贝到 buf 所指向的数组的前 count 个字符串	返回 buf
stcat	char * strcat(str1,str2) char *str1,* str2;	把字符串 str2 街道 str1 后面，取消原来的 str1 最后面的串结束符'\0'	返回 str1
strchr	char * strchr(str,ch) char * str; int ch;	找出 str 指向的字符串中第一次出现字符 ch 的位置	返回指向该位置的指针，若找不到，则应返回 NULL
strcmp	int　strcmp(str1,str2) char * str1 ,*str2;	比较字符串 str1 和 str2	str1<str2,为负数； str1=str2,返回 0； str1>str2,为正数
strcpy	char * strcpy(str1,str2) char * str1, * str2;	把 str2 指向的字符串复制到 str1 中去	返回 str1
strlen	unsigned int strlen(str) char *str;	统计字符串 str 中字符的个数(不包括终止符'\0')	返回字符个数

函数名称	函数与行参类型	函数功能	返回值
strncat	char * strncat(str1,str2,count) char * str1, * str2; Unsigned int count;	把字符串 str2 指向的字符串中最多 count 个字符连到串 str1 后面，并以 NULL 结尾	返回 str1
strncmp	int strncmp(str1,str2,count) char * str1, * str2; unsigned int count;	比较字符串 str1 和 str2 中最多的前 count 字符	str1<str2,为负数; str1=str2,返回 0; str1>str2,为正数
strncpy	char * strncpy(str1,str2,count) char * str1, * str2; unsigned int count;	把 Str2 指向的字符串中最多前 count 个字符拷贝到串 str1 中去	返回 str1
strnset	char * setnset(buf,ch,count) char *buf;char ch; unsigned int count;	将字符 ch 复制到 buf 所指向的数组的前 count 个字符串中	返回 buf
strset	char * strset(buf,ch) char * buf;char ch;	将 buf 所指向字符串中的全部字符都变为 ch	返回 buf
strstr	char * strstr(str1,str2) char * str1, * str2;	寻找 str2 指向的字符串在 str1 指向的字符串中首次出现的位置	反回 str2 指向的子串首次出现的地址，否则返回 NULL

4．输入输出函数

输入输出函数原型在 stdio.h 中。

输入输出函数表

函数名称	函数与行参类型	函数功能	返回值
Clearerr	void clearerr(fp) FILE * FP;	清除文件指针错误	无
函数名称	函数与行参类型	函数功能	返回值
close	int close(fp) int fp;	关闭文件（非 ANSI 标准）	关闭成功返回 0, 不成功返回-1
creat	int creat(filename,mode) char * filename; int mode;	以 mode 所指定的方式建立文件（非 ANSI 标准）	成功则返回正数，否则返回-1
eof	in eof(fd) int fd;	判断文件（非 ANSI 标准）是否结束	遇文件结束，返回 1; 否则返回 0
fclose	int fclose(fp) FILE * fp;	关闭 fp 所指的文件,释放文件缓冲区	关闭成功返回 0; 否则返回非 0
feof	int feof(fp) FILE * fp;	检查文件是否结束	遇文件结束返回非 0; 否则返回 0
ferror	int frrror(fp) FILE * fp;	测试 fp 所指的文件是否有错误	无错误返回。否则返回非 0
fflush	int fflush(fp) FILE * FP;	将 fp 所指的文件的控制信息和数据存盘	存盘正确返回 0; 否则返回非 0

续表

函数名称	函数与行参类型	函数功能	返回值
fgetc	in fgetc(fp) FILE * fp;	从 fp 指向的文件中取得下一个字符	返回得到的字符。若出错返回 EOF
fgets	char * fgets(buf,n,fp) char * buf;int n; FILE * fp;	从 fp 指向的文件读取一个长度为（n-1)的字符串，存入起始地址为 buf 空间	返回地址 buf,若遇文件结束或出错，则返回 EOF
fopen	FILE * fopen(filename,mode) char * filename. * mode;	以 mode 指定的方式打开名为 filename 文件	成功则返回一个文件指针；否则返回 0
fprintf	int fprintf(fp,format,args,…) FILE * fp; char * format;	把 args 的值以 format 指定的格式输出到 fp 所指定的文件中	实际输出的字符数
fputc	int fputc(ch,fp) char ch; FILE * FP;	将字符 ch 输出到 fp 指向的文件中	成功则返回该字符；否则返回 EOF
fputs	int fputs(str,fp) char str; FILE * fp;	将 str 所指定的字符串输出到 fp 指定的文件中	成功则返回 0，若出错返回 EOF
fread	int fread(pt,size,n,fp) char * pt; unsigned size; unsigned n; FILE * fp;	从 fp 所指定的文件中读取长度为 size 的 n 个数据项，存到 pt 所指向的内存区	返回所读的数据项个数，如遇文件结束或出错，返回 0
fscanf	int fscan(fp,format,args,…) FILE * fp; char format;	从 fp 指定的文件中按给定的 for-mat 格式将读入的数据送到 args 所指向的内存变量中（args 是指针）	已输入的数据个数
fseek	int fseek(fp,offset,base) FILE * fp; long offset; int base;	将 fp 所指向的文件的位置指针移到 base 所指出的位置为基准，以 offset 为位移量的位置	返回当前位置，否则返回-1
ftell	long ftell(fp) FILE * fp;	返回 fp 所指向的文件中的读写位置	返回文件中的读写位置，否则返回 0
fwrite	int fwrite(ptr,size,n,fp) char * ptr; FILE * fp; unsigned size,n;	把 ptr 所指向的 n * size 个字节输出到 fp 所指向的文件中	写到 fp 文件中的数据项的个数
getc	int getc(fp) FILE * fp	从 fp 指向的文件中读入下一个字符	返回读入的字符；若文件结束后或出错返回 EOF
getchar	int getchar()	从标准输入设备读取下一个字符	返回字符，r 若文件结束或出错返回-1
gets	char * gets(str) char * str;	从标准输入设备读取字符串存入 str 指向的数组	成功则返回指针 str，否则返回 NULL
open	int open(filename,mode) char * filename; int mode;	以 mode 指定的方式打开已存在的名为 filename 的文件（非 ANSI 标准）	返回文件号（正数）；若文件打开失败，返回-1
printf	int printf(format,args,…) char * format;	在 format 指定的字符串的控制下，将输出列表 args 的值输出到标准输出设备	返回输出字符的个数。若出错，则返回负数

函数名称	函数与行参类型	函数功能	返回值
putc	int putc(ch,fp) int ch; FILE * fp;	把一个字符 ch 输出到 fp 所指的文件中	输出的字符 ch,若出错,返回 EOF
putchar	int putchar(ch) char ch;	把字符 ch 输出到标准的输出设备	输出字符 ch,若出错,则返回 EOF
puts	int puts(str) char * str;	把 str 指向的字符串输出到标准输出设备,将'\0'转换为回车换行	返回换行符,若失败,返回 EOF
putw	int puw(w,fp) int I; FILE *fp;	将一个整数 I(即一个字)写到 fp 所指的文件(非 ANSI 标准)中	返回输出整数;若出错,返回 EOF
read	int read(fd,buf,count) int fd; char * buf; unsigned int count;	从文件号 fd 所指示的文件(非 ANSI 标准)中读 count 个字节到 buf 指示的缓冲区中	返回真读入的字节个数,如遇文件结束返回 0,出错返回-1
remove	int remove(fname) char * fname;	删除 fname 为文件名的文件	成功返回 0,出错返回-1
rename	int rename(oname,nname) char * oname, * nname;	把 oname 所指的文件名改为由 nname 所指的文件名	成功返回 0;出错返回-1
rewind	void rewind(fp) FILE * fp;	将 fp 指定的文件指针置于文件头,并清除文件结束标志和错误标志	成功返回 0;出错返回非零值
scanf	int scanf(format,args,…) char * format;	从标准输入设备按 format 指示的格式字符串规定的格式,输入数据给 args 所指示的单元。Args 为指针	读入并赋给 args 数据个数。遇文件结束返回 EOF;若出错返回 0
write	inr write(fd,buf,count) int fd; char * buf; unsigned count;	从 buf 指示的缓冲区输出 count 个字节到 fp 所指的文件(非 ANSI 标准)中	返回实际输出的字节数,如出错返回-1

5. 动态存储分配函数

动态存储分配函数的远型在 stdlib.h 中。

动态存储分配函数表

函数名称	函数与行参类型	函数功能	返回值
calloc	void * calloc(n,size) unsigned n; unsigned size;	分配 n 个数据项的内存连续空间,每个数据项的大小为 size	分配内存单元的起始地址,若不成功,返回 0
free	void free(p) void * p;	释放 p 所指的内存区	无
malloc	void * malloc(size) unsigned size;	分配 size 字节的内存区	所分配的内存区地址,如内存不够,返回 0
realloc	void * realloc(p,size) void * p; unsigned size	将 p 所指的已分配的内存区的大小改为 size,size 可以比原来分配的空间大或小	返回指向该内存区的指针。若重新分配失败,返回 NULL

6．其他函数

"其他函数"是 C 语言的标准库函数，由于不便归入某一类，所以单独列出。函数的原型在 stdlib,h 中。

其他函数表

函数名称	函数与行参类型	函数功能	返回值
abs	int abs(num) int num;	计算整数 num 的绝对值	返回计算结果
atof	double atof(str) char * str;	将 str 指向的字符串转换为一个 double 型的值	返回双精度计算结果
atoi	int atoi(str) char * str;	将 str 指向的字符串转换为一个 int 型的整数	返回转换结果
atol	long atol(str) char * str;	将 str 所指向的字符串转换一个 long 型的整数	返回转换结果
exit	void exit(status) int status;	终止程序运行。将 status 的值返回调用的过程	无
itoa	char * itoa(n,str,radix) int n,radix; char * str	将整数 n 的值按照 radix 进制转换为等价的字符串，并将结果存入 str 指向的字符串中	返回一个指向 str 的指针
labs	long labs(num) log num	计算长整数 num 的绝对值	返回计算结果
ltoa	char * ltoa(n,str,radix) long int n; int radix; char * str;	将长整数 n 的值按照 radix 进制转换为等价的字符串，并将结果存入 str 指向的字符串中	返回一个指向 str 的指针
rand	int rand()	产生 0 到 RAND-MAX 之间的伪数。RAND-MAX 在头文件中定义	返回一个伪随机（整）数
random	int random(num) int num;	产生 0 到 num 之间的随机数	返回一个随机（整）数
Random-ize	void randomize()	初始化随机函数。使用时要求包含头文件 time.h	无
system	int systen(str) char * str;	将 str 所指向的字符串作为命令传递 DOS 的命令处理器	返回所执行命令的退出状态
strod	double strtod(start,end) char * start; char * *end;	将 start 指向的数字字符串转换成 double,直到出现不能转换为浮点数的字符为止，剩余的字符串赋给指针 end *HUGE-VAL 是 turbo C 在头文件 math.h 中定义的数学函数溢出标志值	返回转换结果。若未转换则返回 0。若转换出错，返回 HUGE-VAL 表示上溢，或返回-HUGE-VAL 表示下溢
strtol	long int strtol(start,end,radix) char * start; char * *end; int radix	将 start 指向的数字字符串转换成 long,直到出现不能转换为长整型数的字符为止，剩余的字符串赋给指针 end。转换时，数字的进制由 radix 确定。　* LONG-MAX 是 turbo C 在头文件 limits.h 中定义的 long 型可表示的最大值	返回转换结果。若未转换则返回 0。若转换出错，返回 LONG-VAL 表示上溢，或返回-LONG-VAL 表示下溢

2014 年全国计算机等级考试二级 C 语言笔试真题

一、选择题

（1）下列关于栈叙述正确的是

    A. 栈顶元素最先能被删除   B. 栈顶元素最后才能被删除

    C. 栈底元素永远不能被删除   D. 以上三种说法都不对

（2）下列叙述中正确的是

    A. 有一个以上根结点的数据结构不一定是非线性结构

    B. 只有一个根结点的数据结构不一定是线性结构

    C. 循环链表是非线性结构

    D. 双向链表是非线性结构

（3）某二叉树共有 7 个结点，其中叶子结点只有 1 个，则该二叉树的深度为(假设根结点在第 1 层)

    A. 3   B. 4   C. 6   D. 7

（4）在软件开发中，需求分析阶段产生的主要文档是

    A. 软件集成测试计划   B. 软件详细设计说明书

    C. 用户手册   D. 软件需求规格说明书

（5）结构化程序所要求的基本结构不包括

    A. 顺序结构   B. GOTO 跳转

    C. 选择(分支)结构   D. 重复(循环)结构

（6）下面描述中错误的是

    A. 系统总体结构图支持软件系统的详细设计

    B. 软件设计是将软件需求转换为软件表示的过程

    C. 数据结构与数据库设计是软件设计的任务之一

    D. PAD 图是软件详细设计的表示工具

（7）负责数据库中查询操作的数据库语言是

    A. 数据定义语言   B. 数据管理语言

C. 数据操纵语言　　　　　　D. 数据控制语言

（8）一个教师可讲授多门课程，一门课程可由多个教师讲授。则实体教师和课程间的联系是

A. 1:1 联系　　　B. 1:m 联系　　　C. m:1 联系　　　D. m:n 联系

（9）有三个关系 R、S 和 T 如下：

R	S	T
B C D	B C D	B C D
a o k l	f 3 h 2	a o k l
b l n l	a o h l	a o k l
	n 2 x l	

则由关系 R 和 S 得到关系 T 的操作是

A. 自然连接　B. 交　　　　　　C. 除　　　　　　D. 并

（10）定义无符号整数类为 UInt，下面可以作为类 UInt 实例化值的是

A. -369　　　B. 369　　　　C. 0.369　　　D. 整数集合{1,2,3,4,5}

（11）计算机高级语言程序的运行方法有编译执行和解释执行两种，以下叙述中正确的是

A. C 语言程序仅可以编译执行

B. C 语言程序仅可以解释执行

C. C 语言程序既可以编译执行又可以解释执行

D. 以上说法都不对

（12）以下叙述中错误的是

A. C 语言的可执行程序是由一系列机器指令构成的

B. 用 C 语言编写的源程序不能直接在计算机上运行

C. 通过编译得到的二进制目标程序需要连接才可以运行

D. 在没有安装 C 语言集成开发环境的机器上不能运行 C 源程序生成的 .exe 文件

（13）以下选项中不能用作 C 程序合法常量的是

A. 1,234　　　B. '\123'　　　C. 123　　　　D. "\x7G"

（14）以下选项中可用作 C 程序合法实数的是

A. .1e0　　　B. 3.0e0.2　　　C. E9　　　　D. 9.12E

（15）若有定义语句：int a=3,b=2,c=1;，以下选项中错误的赋值表达式是

A. a=(b=4)=3;　　　　　　B. a=b=c+1;

C. a=(b=4)+c;　　　　　　D. a=1+(b=c=4);

（16）有以下程序段

```
char name[20];
int num;
scanf("name=%s num=%d",name;&num);
```

当执行上述程序段，并从键盘输入：name=Lili num=1001<回车>后，name 的值为

A. Lili　　　　　　　　　B. name=Lili

C. Lili num=　　　　　　D. name=Lili num=1001

（17）if 语句的基本形式是：if(表达式)语句，以下关于"表达式"值的叙述中正确的是

A. 必须是逻辑值　　　　　B. 必须是整数值

C. 必须是正数　　　　　　D. 可以是任意合法的数值

（18）有以下程序

```
#include
main()
{ int x=011;
printf("%d\n",++x);
}
```

程序运行后的输出结果是

    A. 12   B. 11   C. 10   D. 9

（19）有以下程序

```
#include <stdio.h>
main()
{ int s;
scanf("%d",&s);
  while(s>0)
  { switch(s)
      { case 1:printf("%d",s+5);
        case 2:printf("%d",s+4); break;
case 3:printf("%d",s+3);
default:printf("%d",s+1);break;
      }
    scanf("%d",&s);
}
}
```

运行时，若输入 1 2 3 4 5 0<回车>，则输出结果是

    A. 6566456   B. 66656   C. 66666   D. 6666656

（20）有以下程序段

```
int i,n;
for(i=0;i<8;i++)
 { n=rand()%5;
switch (n)
   { case 1:
     case 3:printf("%d\n",n); break;
     case 2:
     case 4:printf("%d\n",n); continue;
case 0:exit(0);
   }
printf("%d\n",n);
}
```

以下关于程序段执行情况的叙述，正确的是

    A. for 循环语句固定执行 8 次

    B. 当产生的随机数 n 为 4 时结束循环操作

    C. 当产生的随机数 n 为 1 和 2 时不做任何操作

    D. 当产生的随机数 n 为 0 时结束程序运行

（21）有以下程序

```
#include <stdio.h>
main()
{ char s[]="012xy\08s34f4w2";
int i,n=0;
```

```
 for(i=0;s[i]!=0;i++)
 if(s[i]>='0'&&s[i]<='9') n++;
 printf("%d\n",n);
}
```

程序运行后的输出结果是

A. 0　　　　　　　　B. 3　　　　　　　C. 7　　　　　　　D. 8

（22）若 i 和 k 都是 int 类型变量，有以下 for 语句

```
for(i=0,k=-1;k=1;k++) printf("*****\n");
```

下面关于语句执行情况的叙述中正确的是

A. 循环体执行两次　　　　　　　　B. 循环体执行一次

C. 循环体一次也不执行　　　　　　D. 构成无限循环

（23）有以下程序

```
#include <stdio.h>
main()
{ char b,c; int i;
b='a'; c='A';
for(i=0;i<6;i++)
{ if(i%2) putchar(i+b);
    else putchar(i+c);
}
printf("\n");
}
```

程序运行后的输出结果是

A. ABCDEF　　　　B. AbCdEf　　　　C. aBcDeF　　　D. abcdef

（24）设有定义：double x[10],*p=x;，以下能给数组 x 下标为 6 的元素读入数据的正确语句是

A. scanf("%f",&x[6]);　　　　　　　　B. scanf("%lf",*(x+6));

C. scanf("%lf",p+6);　　　　　　　　　D. scanf("%lf",p[6]);

（25）有以下程序(说明：字母 A 的 ASCII 码值是65)

```
#include <stdio.h>
void fun(char *s)
{ while(*s)
{ if(*s%2) printf("%c",*s);
s++;
    }
}
main()
{ char a[]="BYTE";
    fun(a);
printf("\n");
}
```

程序运行后的输出结果是

A. BY　　　　　　　　B. BT　　　　　　　C. YT　　　　　　D. YE

（26）有以下程序段

```
#include <stdio.h>
main()
{ ...
while( getchar()!='\n');
```

```
...
}
```

以下叙述中正确的是

A. 此 while 语句将无限循环

B. getchar()不可以出现在 while 语句的条件表达式中

C. 当执行此 while 语句时，只有按回车键程序才能继续执行

D. 当执行此 while 语句时，按任意键程序就能继续执行

（27）有以下程序

```
#include <stdio.h>
main()
{ int x=1,y=0;
if(!x)  y++;
 else  if(x==0)
    if (x)  y+=2;
    else y+=3;
 printf("%d\n",y);
}
```

程序运行后的输出结果是

A. 3   B. 2   C. 1   D. 0

（28）若有定义语句：char s[3][10],(*k)[3],*p;，则以下赋值语句正确的是

A. p=s;   B. p=k;   C. p=s[0];   D. k=s;

（29）有以下程序

```
#include <stdio.h>
void fun(char *c)
{ while(*c)
 { if(*c>='a'&&*c<='z')  *c=*c-('a'-'A');
   c++;
 }
}
main()
{ char s[81];
 gets(s);
fun(s);
puts(s);
}
```

当执行程序时从键盘上输入 Hello Beijing<回车>，则程序的输出结果是

A. hello beijing   B. Hello Beijing

C. HELLO BEIJING   D. hELLO Beijing

（30）以下函数的功能是：通过键盘输入数据，为数组中的所有元素赋值。

```
#include <stdio.h>
#define N 10
void fun(int x[N])
{ int i=0;
 while(i <N) scanf( "%d" ,_____);
}
```

在程序中下划线处应填入的是

A. x+i   B. &x[i+1]   C. x+(i++)   D. &x[++i]

（31）有以下程序

```c
#include <stdio.h>
main()
{ char a[30],b[30];
scanf("%s",a);
  gets(b);
printf("%s\n %s\n",a,b);
}
```

　　程序运行时若输入：

how are you? I am fine<回车>

　　则输出结果是

　　A.　how are you?　　　　　　　B.　how are you?
　　　　 I am fine　　　　　　　　　　 I am fine
　　C.　how are you? I am fine　　D.　how are you?

（32）设有如下函数定义

```c
int fun(int k)
{ if (k<1) return 0;
 else if(k==1) return 1;
 else return fun(k-1)+1;
}
```

　　若执行调用语句：n=fun(3);，则函数 fun 总共被调用的次数是

　　A.　2　　　　　　B.　3　　　　　　C.　4　　　　　　D.　5

（33）有以下程序

```c
#include <stdio.h>
int fun (int x,int y)
{ if (x!=y)  return  ((x+y)/2);
 else  return (x);
}
main()
{ int a=4,b=5,c=6;
printf("%d\n",fun(2*a,fun(b,c)));
}
```

　　程序运行后的输出结果是

　　A.　3　　　　　　　　B.　6　　　　　　C.　8　　　　　　D.　12

（34）有以下程序

```c
#include <stdio.h>
int fun()
{ static int x=1;
x*=2;
  return x;
}
main()
{ int i,s=1;
for(i=1;i<=3;i++)  s*=fun();
printf("%d\n",s);
}
```

　　程序运行后的输出结果是

> A. 0 　　　　B. 10 　　　　C. 30 　　　　D. 64

（35）有以下程序

```
#include <stdio.h>
#define S(x)  4*(x)*x+1
main()
{ int k=5,j=2;
printf("%d\n",S(k+j));
}
```

程序运行后的输出结果是

> A. 197 　　　B. 143 　　　C. 33 　　　D. 28

（36）设有定义：struct {char mark[12];int num1;double num2;} t1,t2;，若变量均已正确赋初值，则以下语句中错误的是

> A. t1=t2; 　　　　　　　　　B. t2.num1=t1.num1;
>
> C. t2.mark=t1.mark; 　　　　D. t2.num2=t1.num2;

（37）有以下程序

```
#include <stdio.h>
struct ord
{ int x, y;}dt[2]={1,2,3,4};
main()
{
 struct ord *p=dt;
 printf("%d,",++(p->x)); printf("%d\n",++(p->y));
}
```

程序运行后的输出结果是

> A. 1,2 　　　B. 4,1 　　　C. 3,4 　　　D. 2,3

（38）有以下程序

```
#include <stdio.h>
struct S
{ int a,b;}data[2]={10,100,20,200};
main()
{ struct S p=data[1];
printf("%d\n",++(p.a));
}
```

程序运行后的输出结果是

> A. 10 　　　B. 11 　　　C. 20 　　　D. 21

（39）有以下程序

```
#include <stdio.h>
main()
{ unsigned char a=8,c;
c=a>>3;
 printf("%d\n",c);
}
```

程序运行后的输出结果是

> A. 32 　　　B. 16 　　　C. 1 　　　D. 0

（40）设 fp 已定义，执行语句 fp=fopen("file","w");后，以下针对文本文件 file 操作叙述的选项中正确的是

A. 写操作结束后可以从头开始读　　B. 只能写不能读

C. 可以在原有内容后追加写　　D. 可以随意读和写

二、填空题

（1）有序线性表能进行二分查找的前提是该线性表必须是【1】存储的。

（2）一棵二叉树的中序遍历结果为 DBEAFC，前序遍历结果为 ABDECF，则后序遍历结果为【2】。

（3）对软件设计的最小单位(模块或程序单元)进行的测试通常称为【3】测试。

（4）实体完整性约束要求关系数据库中元组的【4】属性值不能为空。

（5）在关系 A(S,SN,D)和关系 B(D,CN,NM)中，A 的主关键字是 S，B 的主关键字是 D，则称【5】是关系 A 的外码。

（6）以下程序运行后的输出结果是【6】。

```
#include<stdio.h>
main()
{ int a;
  a=(int)((double)(3/2)+0.5+(int)1.99*2);
  printf("%d\n",a);
}
```

（7）有以下程序

```
#include <stdio.h>
main()
{ int x;
  scanf("%d",&x);
  if(x>15) printf("%d",x-5);
  if(x>10) printf("%d",x);
  if(x>5) printf("%d\n",x+5);
}
```

若程序运行时从键盘输入 12<回车>，则输出结果为【7】。

（8）有以下程序(说明：字符 0 的 ASCII 码值为 48)

```
#include <stdio.h>
main()
{ char c1,c2;
  scanf("%d",&c1);
  c2=c1+9;
  printf("%c%c\n",c1,c2);
}
```

若程序运行时从键盘输入 48<回车>，则输出结果为【8】。

（9）有以下函数

```
void prt(char ch,int n)
{ int i;
  for(i=1;i<=n;i++)
  printf(i%6!=0?"%c":"%c\n",ch);
}
```

执行调用语句 prt('*',24);后，函数共输出了【9】行*号。

（10）以下程序运行后的输出结果是【10】。

```
#include <stdio.h>
main()
{ int x=10,y=20,t=0;
  if(x==y)t=x;x=y;y=t;
printf("%d %d\n",x,y);
}
```

（11）已知 a 所指的数组中有 N 个元素。函数 fun 的功能是，将下标 k(k>0)开始的后续元素全部向前移动一个位置。请填空。

```
void fun(int a[N],int k)
{ int i;
 for(i=k;i<N;i++) a[【11】]=a[i];

}
```

（12）有以下程序，请在【12】处填写正确语句，使程序可正常编译运行。

```
#include <stdio.h>
【12】 ;
main()
{ double x,y,(*p)();
scanf("%lf%lf",&x,&y);
p=avg;
  printf("%f\n",(*p)(x,y));
}
double avg(double a,double b)
{ return((a+b)/2);}
```

（13）以下程序运行后的输出结果是【13】。

```
#include <stdio.h>
main()
{ int i,n[5]={0};
 for(i=1;i<=4;i++)
{ n[i]=n[i-1]*2+1; printf("%d",n[i]); }
 printf("\n");
}
```

（14）以下程序运行后的输出结果是【14】。

```
#include <stdio.h>
#include <stdlib.h>
#include <string.h>
main()
{ char *p; int i;
p=(char *)malloc(sizeof(char)*20);
strcpy(p,"welcome");
for(i=6;i>=0;i--)  putchar(*(p+i));
printf("\n"); free(p);
}
```

（15）以下程序运行后的输出结果是【15】。

```
#include <stdio.h>
main()
{ FILE *fp; int x[6]={1,2,3,4,5,6},i;
fp=fopen("test.dat","wb");
fwrite(x,sizeof(int),3,fp);
rewind(fp);
```

```
    fread(x,sizeof(int),3,fp);
    for(i=0;i<6;i++) printf("%d",x[i]);
    printf("\n");
    fclose(fp);
}
```

参 考 答 案

一、选择题：

1~5 ABDDB   6~10 ACDCB

11~15 ADAAA   16~20 ADCAD

21~25 BDBCD   26~30 CDCCC

31~35 BBBDB   36~40 CDDCB

二、填空题：

【1】有序   【2】DEBFCA   【3】单元

【4】主键   【5】D   【6】3

【7】1217   【8】09   【9】4

【10】20 0   【11】i-1

【12】double avg(double,double);或 double avg(double a,double b);

【13】13715   【14】emoclew   【15】123456

参 考 文 献

[1] 谭浩强. C 程序设计[M]（第四版）. 北京：清华大学出版社，2010.

[2] 冯博琴，刘路放. 精讲多练 C 语言[M]. 西安：西安交通大学出版社，1997.

[3] 刘路放. Visual C++与面向对象程序设计[M]. 北京：高等教育出版社，2000.

[4] Brian W.Kernighan&Dennis M.Ritchie.The C Proguamming Language[M]. (Second Edition). 北京：机械工业出版社，2007.

[5] H M Peitel，P J Deitle. C 程序设计教程[M]. 蒋才鹏,等译.北京：机械工业出版社，2000.

[6] 谭浩强. C 程序设计[M]（第三版）. 北京：清华大学出版社，2005.